Vicki Mathison

Homöopathische Mittelbilder

für TIERE

Vicki Mathison

Homöopathische Mittelbilder für TIERE

Die 60 wichtigsten Mittel in Wort und Bild

Narayana Verlag

ZUM ANDENKEN AN CHAGALL (PASO)

Du gabst mir Mut, du gabst mir Flügel.
Dein außerordentlich großzügiger Geist gestattete mir flüchtige Einblicke in die magische und ungemein emotionale Welt, die hinter den Augen eines Pferdes existiert.

Für immer in meinem Herzen…

„Wir brauchen eine andere, weisere und vielleicht sogar mystischere Vorstellung von den Tieren. In einer vollkommeneren Welt als unserer bewegen sie sich vollendet und vollkommen, ausgestattet mit erweiterten Sinnen, die wir verloren oder nie erlangt haben, und sie leben mit Stimmen, die wir nie hören werden. Es sind weder unsere Brüder noch unsere Untergebenen; es sind andere Völker, die mit uns gefangen sind im Netz des Lebens und der Zeit, Mitgefangene der Herrlichkeit und der Mühsal der Erde."

Henry Beston

VORWORT

Dieses Buch nahm seinen Ausgang in einer Serie von Karikaturen, die Vicki bei ihrer Ausbildung zur Tierheilpraktikerin als Lernhilfe dienen sollten. Gibt es eine bessere Art zu lernen, als die Essenz eines Mittels in einer Karikatur festzuhalten? Die eigentlichen Wurzeln jedoch reichen zurück in Vickis Kindheit, als sie ihre Leidenschaft für Tiere und besonders für Pferde entdeckte. Vicki kennt den Geist des Equus, wie nur ein Pferdenarr es kann, der schon aus den winzigsten Anzeichen Sinnesart und Stimmung des Pferdes, das er vor sich hat, herauszuspüren vermag. Auch Hunde haben einen geräumigen Platz in ihrem Herzen und ihrem Haushalt. Deren Possen fängt sie in Karikaturen ein, durch die man das Tier viel klarer erkennen kann als vorher.

Dieses Buch vereint viele Talente, es ist die Kulmination lebenslangen Lernens und Arbeitens als Schullehrerin, Veterinärassistentin, Journalistin, Schriftstellerin, Psychologin, Beraterin, Töpferin, Malerin, Kunstlehrerin und Homöopathin – wie viel bekommt man eigentlich in einem einzigen Leben unter? Sie alle verschmelzen nahtlos in der Fähigkeit, das Problem des anderen zu erfassen, sei es nun ein Mensch oder ein Tier, es bildlich darzustellen und diese Essenz mit einem homöopathischen Arzneimittelbild in Übereinstimmung zu bringen. Vicki ist nicht nur eine Meisterin darin, die Essenz zu zeichnen, sie malt auch mit Worten ein deutliches Bild. Durch ihre Augen werden die Mittel zum Leben erweckt und sind keine bloße Symptomliste mehr. Die Trauer von Natrium muriaticum, die Erregung von Arsenicum, die Ruhelosigkeit von Iodum – sie alle nehmen Gestalt an und sind nun leicht zu erkennen. Wie sie selbst sagt, ist es so schön, sich von einem Tier sein Mittel „zeigen" und es dann durch jede seiner Bewegungen bestätigen zu lassen. Noch schöner ist es, die Ergebnisse eines gut gewählten Mittels beobachten zu dürfen, das dem Tier das Leben rettet und bislang ungläubige Tierärzte in Erstaunen versetzt.

Dieses Buch wird ganz sicher seinen Weg in die Haushalte der Tierfreunde finden, auch derjenigen, die mit der Homöopathie noch nicht vertraut sind, und ebenfalls in die Praxen von Tierärzten und Tierheilpraktikern, denn selbst für die Erfahrensten unter ihnen kann es inspirierend sein, Tiere aus einem ganz neuen Blickwinkel zu betrachten.

Deborah Collins

DANKSAGUNGEN

Ohne den Anstoß und das Drängen von Patricia Mache wäre dieses Buch nie geschrieben worden! Danke.

Ein Dank geht an Deborah Collins, weil sie mir Mut und Selbstvertrauen gab, dieses Buch zu beginnen und zu vollenden, und mich dabei stets unterstützte.

Danke, Tim, für deinen Zuspruch und dass du ganze Stapel an Tierzeichnungen und Notizen ertragen hast, die von mir über jede vorstellbare Oberfläche verteilt wurden.

Katrin Sigwart – danke für die Anregung, dieses Buch zu schreiben, und für Ihre Unterstützung, mit der Sie mir durch den gesamten Prozess geholfen haben.

Allen Tierhaltern und ihren wunderschönen Tieren danke für Ihr Vertrauen in die Homöopathie.

IMPRESSUM

Vicki Mathison: Homöopathische Mittelbilder für Tiere
Die 60 wichtigsten Mittel in Wort und Bild
ISBN 978-3-941706-94-1

1. Auflage 2011
2. Auflage 2012
3. Auflage 2021
4. Auflage 2025

Tel.: +49 7626 974970-0, E-Mail: info@narayana-verlag.de,
Homepage: www.narayana-verlag.de

Cover Vicki Mathison

Layout: Perform, Kandern; www.apanoua.de, Christian Korn

INHALT

Aconitum napellus 9
Agaricus muscarius 11
Agnus castus 13
Alumina 15
Anacardium orientale 17
Antimonium crudum 19
Apis mellifica 21
Argentum nitricum 23
Arnica montana 25
Arsenicum album 27
Arsenicum iodatum 29
Asarum europaeum 31
Aurum metallicum 33
Barium carbonicum 35
Belladonna 37
Borax veneta 39
Bryonia alba 41
Calcium carbonicum 43
Carbo vegetabilis 47
Causticum 49
Chamomilla vulgaris 51
Chelidonium majus 53
Cina maritima 55
Cocculus indicus 57
Conium maculatum 59
Cuprum metallicum 61
Ferrum metallicum 63
Fluoricum acidum 65
Gelsemium sempervirens 67
Graphites 69
Helleborus niger 71
Hepar sulphuris 73
Hyoscyamus niger 75
Hypericum perforatum 77
Ignatia amara 79
Lac caninum 81
Lachesis mutus 83
Lycopodium clavatum 85
Magnesium carbonicum 89
Natrium muriaticum 91
Nux vomica 93
Opium 95
Palladium metallicum 97
Phosphorus 99
Platinum metallicum 101
Plumbum metallicum 103
Psorinum 105
Pulsatilla nigricans 107
Sanguinaria canadensis 109
Scorpion (Androctonus) 111
Sepia succus 113
Silicea 115
Staphisagria 117
Stramonium 119
Sulphur 121
Tarentula hispanica 123
Theridion curassavicum 125
Thuja occidentalis 127
Tuberculinum bovinum 129
Zincum metallicum 131

ACONITUM

SCHRECK
FURCHT
SCHOCK

ANGST

FIEBER

Herzklopfen
Pulsrasen
Erstickungsgefühl
Ruhelosigkeit

Einwirkung von kaltem Wind
und Unwetter

Plötzlich und intensiv

GEMÜT

Ein Pferd verfällt sehr leicht in einen Aconitum-Zustand, denn es ist ein Beutetier, und da ist die Angst zu sterben stets in unterschiedlichem Grad präsent. Das Aconitum-Pferd ist ängstlich, überempfindlich gegen Geräusche und erschrickt leicht. In jeder Situation, in der es sich angreifbar fühlt, wird es kopflos, leidet extrem und ist nicht mehr zu beruhigen. In der Folge bekommt es Angst vor Gedränge, vor dem Pferdetransporter und allen Situationen, in denen es die Möglichkeit wittert, von einem Raubtier angegriffen zu werden. Wenn es Schmerzen hat, hat es Angst vor Berührungen und verfällt sehr leicht in Panik.

PATHOLOGIE

Bei Erkrankungen, die sehr plötzlich beginnen und mit Entzündungen, Schock und Fieber einhergehen. Aconitum ist bei unmäßig starken Folgen eines Schrecks angezeigt: starrende, aufgerissene Augen, Schweißausbrüche und/oder Panik.

ALLGEMEINES

Plötzlicher Beginn. Ruhelosigkeit. Unerträgliche Schmerzen. Furcht.

< trockener, kalter Wind; nachts

INDIKATIONEN

- Angst
- akuter Schreck
- akute Infekte
- Augen – rot und lichtempfindlich
- Harnretention nach Schock
- Koliken mit starker Angst
- akute Gelenkentzündung
- übermäßige Blutung nach Schock
- Schock
- plötzliches Fieber
- akute Konjunktivitis
- Husten – bellend, trocken
- akute Laminitis
- Uveitis
- Panik
- „Ich sterbe!"

AGARICUS

VERGIFTUNG
kann zu Delirium und Depression führen

Draufgängerisch

Furchtlos

Hyperaktiv

ZENTRALES NERVENSYSTEM

Taumeln
Zucken
Nach hinten Fallen
Muskelkrämpfe

ISCHIALGIE
RHEUMA

Zucken: Maul
Augenlider
Kopfmuskulatur

GEMÜT

Agaricus-Tiere sind draufgängerisch und machen einen furchtlosen Eindruck. Sie sind bösartig bis zur Lächerlichkeit und scheinen keinen „Aus-Schalter“ zu haben. Das Agaricus-Pferd ist übermäßig begeisterungsfähig und ununterbrochen in Bewegung. Seine Unempfindlichkeit gegen die Reaktionen anderer wird von seinen Koppelgefährten nicht gut vertragen; es hört einfach nicht auf, sie zu reizen und zu piesacken. Wenn es aufgeregt oder wütend wird, steigt sein ohnehin schon hohes Energieniveau nochmals beängstigend an und verstärkt seine Körperkräfte. Es fällt ihm schwer, sich zu konzentrieren, und es kann mürrisch, unbeholfen und benommen werden, als sei es betrunken. Agaricus ist überempfindlich gegen jegliche Kritik, die seine Konzentrationsfähigkeit dann noch mehr beeinträchtigt.

PATHOLOGIE

Agaricus ist besonders bei neurologischen Störungen angezeigt: Muskelzucken und -krämpfe, Straucheln, unbeholfene, unkontrollierte Bewegungen. Betroffen sind Augenlider, Zunge und Gesichtsnerven und -muskeln.

ALLGEMEINES

< Kälte; aufziehendes Gewitter; geistige Erschöpfung; Berührung; morgens; Sonne; Schreck

> sanfte Bewegung

INDIKATIONEN

- Epilepsie
- Trigeminusstörungen
- Gesichtsticks
- Muskelkrämpfe
- Lähmung der Hinterbeine
- Kopfschütteln
- häufiges Niesen
- Ataxie – Gleichgewichtsverlust
- Kopfschmerzen
- Zuckfuß (Hahnentritt)
- Delirium – herausfordernd
- unwillkürliche Bewegungen
- stark juckende Haut
- Schwindel durch Sonnenlicht

AGNUS CASTUS

Geistesabwesend

STUMPFSINNIG

VERZAGT

Verzweifelt

Mutlos

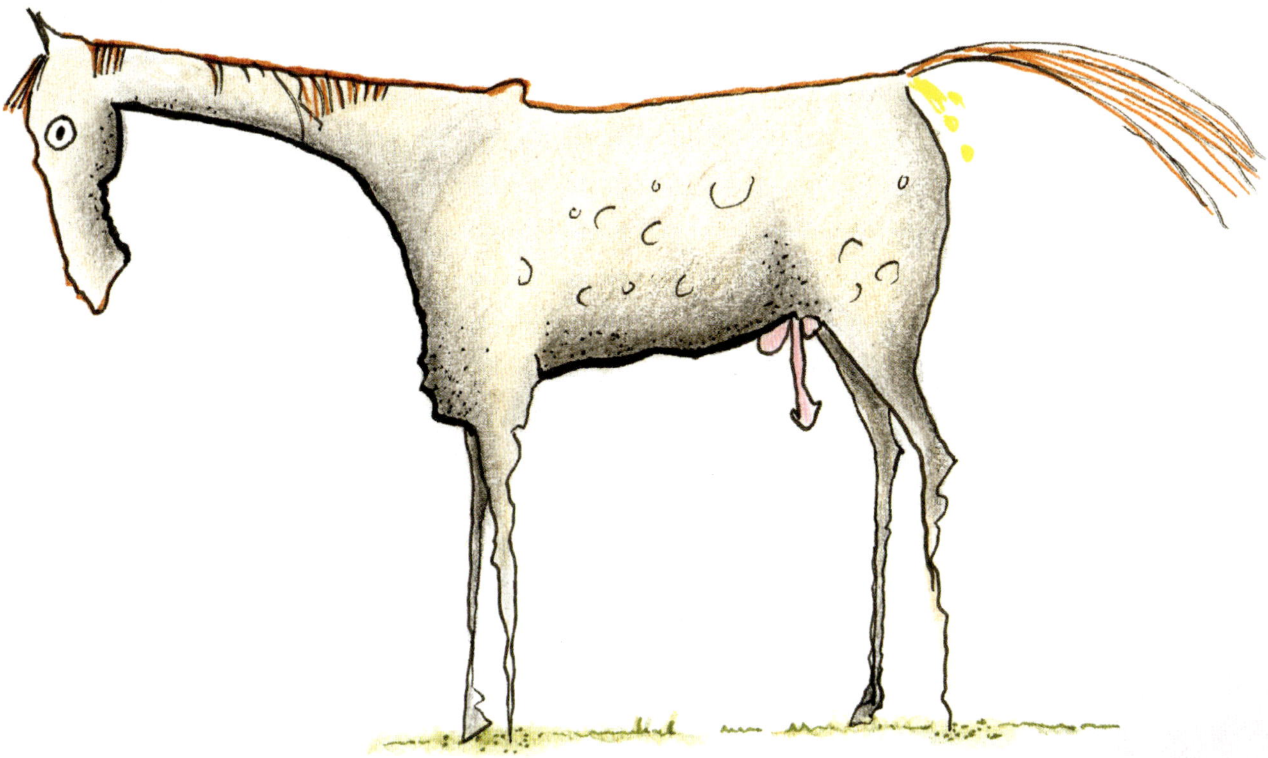

Verstauchungen und Zerrungen
Rheumatische oder arthritische Schmerzen

Männliche Tiere:
IMPOTENZ
KEIN SEXUALTRIEB

Weibliche Tiere:
STERILITÄT
ABNEIGUNG GEGEN SEX

GEMÜT

Das Agnus-castus-Pferd ist ein Bild depressiver Verzagtheit. Es macht fast immer einen verzweifelt traurigen Eindruck, als habe seine Seele teilweise aufgehört zu funktionieren. Es fällt ihm schwer, oder es ist einfach zu apathisch, sich mit anderen Tieren oder mit Menschen abzugeben. Es kann einen sehr verstörten oder etwas geistesabwesenden Eindruck machen. Dieser Zustand lässt sich am häufigsten bei älteren, überbeanspruchten Zuchthengsten beobachten. Er zeigt ein völliges Desinteresse an Stuten oder erweist sich beim Decken als impotent. Ein Agnus-castus-Mensch hat große Angst vor solcher Funktionsuntüchtigkeit. Ich weiß nicht, ob ein Pferd sich ähnliche Sorgen macht, es scheint aber in der Tat unter einer allgemeinen Lebensangst zu leiden.

PATHOLOGIE

Dieses Mittel wirkt hauptsächlich auf die Sexualorgane beider Geschlechter und auf das Gemüt. Es ist ebenfalls ein herausragendes Mittel bei Verstauchungen, Zerrungen und rheumatischen oder arthritischen Schmerzen.

ALLGEMEINES

< sexuelle Ausschweifungen; Verstauchungen durch Überbelastung

INDIKATIONEN

- Angst und Verzweiflung
- Verzagtheit
- geistesabwesend
- Mutlosigkeit
- Impotenz bei männl. Tieren
- Sterilität bei weibl. Tieren
- gelb-weiße Absonderung
- Plazentaretention
- juckende Genitalien
- kein Sexualtrieb
- vorzeitiges Altern bei überbeanspruchten Zuchttieren
- Laktationsschwäche
- kalte Genitalien
- Hodenverhärtung
- Absonderung aus der Harnröhre
- Maul- und Zahnfleischgeschwüre
- fressendes Jucken im Augenbereich
- Analfissuren
- rheumatische Gelenkschwellung
- Verstauchungen und Zerrungen
- arthritische Schmerzen

ALUMINA

VERDRIESSLICH
Jammern

Depressiv
SCHEU

SCHWERFÄLLIG
Verzögerte Reaktionen

TROCKENE HAUT

Ekzem
JUCKREIZ

Koordinations-störungen
TREMOR

Vorzeitige Alterung

MANGEL AN LEBENSWÄRME

GEMÜT

Das Alumina-Tier erkennt man an seinem verwirrten Ausdruck, seiner Langsamkeit und den verzögerten Reaktionen. Es wirkt wie benebelt und zeigt sich lustlos und etwas benommen. Es lässt sich für nichts begeistern, hat keinerlei Schwung und kann ziemlich depressiv erscheinen. Alumina neigt zur Scheu und ist unfähig, seinen Platz in der Familiengruppe zu finden. Es kann Angst haben, sich anderen Tieren zu nähern, und erschrickt leicht. Alumina bringt Altersdemenz hervor, und ein älteres Tier kann alle oben genannten Symptome zeigen bei gleichzeitigem Kontaktmangel und Problemen, andere zu erkennen.

PATHOLOGIE

Alumina hat eine Affinität zur Haut, den Schleimhäuten, zur Körperkoordination, zum Magen-Darm-Trakt und zum Nervensystem.

ALLGEMEINES

Trockenheit ist eines der wichtigsten Leitsymptome von Alumina.
< morgens; Wärme
> Aufenthalt im Freien; feuchtes Wetter; abends

INDIKATIONEN

- äußerst trockene Haut
- Jucken ohne Hautausschlag
- spröde Nägel und Hufe
- Ekzem
- trockene, raue, rissige Haut
- extreme Verstopfung
- harter, trockener Stuhl
- Überanstrengung und Kolik
- chronische Konjunktivitis
- trockene Schleimhäute
- Tremor
- Schwäche und Lähmung der Beine
- chronische Laminitis
- Harnblasenlähmung
- Verwirrtheit
- Altersdemenz
- verzögerte Reaktionen
- Koordinationsstörungen

ANACARDIUM

EXTREMER JUCKREIZ
MAULGESCHWÜRE
VERDAUUNGS-
BESCHWERDEN

Unberechenbar
Eifersüchtig

MISSHAND-
LUNGSER-
FAHRUNGEN

Äußerste Aggressivität – oder ganz lieb

ENGEL / TEUFEL

GEMÜT

Das Verhalten des Anacardium-Hundes kann äußerst verwirrend sein. Es wechselt zwischen lieb und willfährig einerseits und unbeherrschbarer Aggressivität andererseits. Solche Hunde sind von ihren Besitzern, Trainern oder anderen Tieren oft in der Vergangenheit misshandelt worden. Es ist ein Bild der Extreme: unberechenbar und ohne jegliches Selbstvertrauen auf der einen Seite und enorme Eifersucht und Misstrauen auf der anderen. Im schlimmsten Fall scheint das Tier andere absichtlich zu verletzen, seien es Tiere oder Menschen. Die anderen Hunde gehen ihm aus dem Weg! Der Anacardium-Hund erträgt keinen Druck und wird ängstlich und erregt, wenn man von ihm etwas verlangt. Er kann auch einen nahezu emotionslosen Eindruck machen.

PATHOLOGIE

Wirkbereiche von Anacardium sind Nervensystem, Haut, Verdauung, Wirbelsäule und Extremitäten. Es unterdrückt Funktionen und Empfindungen, was bis hin zur Lähmung gehen kann.

ALLGEMEINES

Extrem kälteempfindlich.
< Zorn; Schreck; Anstrengung; Zugluft; Kälte; im Freien
> Essen; Liegen auf der Seite; Reiben; warme Bäder

INDIKATIONEN

- extremer Juckreiz
- Bläschenausschläge
- Urtikaria
- Ekzem im Gesicht und am Hals
- Maulgeschwüre
- blutendes Zahnfleisch
- Analfissuren
- Verstopfung
- Blähungskolik
- Schwäche in den Beinen
- leichte Lähmung
- steife Beine
- Darmträgheit
- Aggression
- wechselhaftes Temperament
- Erwartungsangst

ANTIMONIUM CRUDUM

VERLIEBT SICH LEICHT
„LIEBESKUMMER“

FRISST GERN
Verschlimmerung durch Überfressen

LAUNISCH
MISSTRAUISCH

REIZBAR
UNZUFRIEDEN

„FASS mich nicht an!“
„SCHAU mich nicht an!

GROSSES HAUTMITTEL - Warzen, verhornte Geschwüre, schorfige Ausschläge

GEMÜT

Dieser Hund frisst über die Maßen gern, und seine Figur spiegelt diese Genusssucht oft wider. Der Antimonium-crudum-Hund kann äußerst reizbar und unzufrieden sein. Besonders ungehalten wird er, wenn er beim Fressen gestört wird, da das für ihn eine ernsthafte Angelegenheit ist, und er regelrecht darauf versessen ist, sein Futter zu bekommen. Er kann sehr anschmiegsam sein – natürlich nur, solange er nicht hungrig ist, und das ist er fast immer. Auf der anderen Seite verliebt sich Antimonium crudum sehr leicht. In diesem Zustand hört er manchmal zu fressen auf und verlangt nach Liebe und Zuwendung von seinem Objekt der Begierde. Das sieht man oft bei herrenlosen Hunden, die dann eine tiefe Bindung an ihren Besitzer ausbilden. Wird solch ein Hund von seinem Herrchen oder Frauchen getrennt, kann er sehr schwermütig werden und sich zurückziehen. Dieser Hund mag nicht berührt werden und zuweilen nicht einmal angeschaut.

PATHOLOGIE

Dieses Mittel betrifft hauptsächlich Haut, Verdauungssystem und Atemwege. Im Bereich der Haut finden sich Warzen, verhornte Wucherungen, dicke, schorfige Ausschläge, Schrunden und dicke, verformte Nägel.

ALLGEMEINES

< Völlerei; Kälte; Feuchtigkeit; Hitze; Berührung; angeschaut werden

> Ruhe; lethargisch und schläfrig; Mangel an Schmerzempfinden

INDIKATIONEN

- äußerst reizbar
- erträgt keine Berührung
- dick weiß belegte Zunge
- juckende, schorfige, pustulöse Haut
- Warzen, Schrunden, Schorf
- Unersättlichkeit
- Gastritis, Durchfall
- Aufblähung
- dicke, honigfarbene Krusten
- Asthma mit Magensymptomen
- trockener, krampfhafter Husten
- rote Augenränder
- Hämorrhoiden und Fissuren
- Abneigung gegen heißes Wetter
- deformierte oder brüchige Nägel
- Blepharitis
- Konjunktivitis – verklebte Lider
- Schleim im Stuhl

Apis

ÄNGSTLICH

Zappelig und unruhig

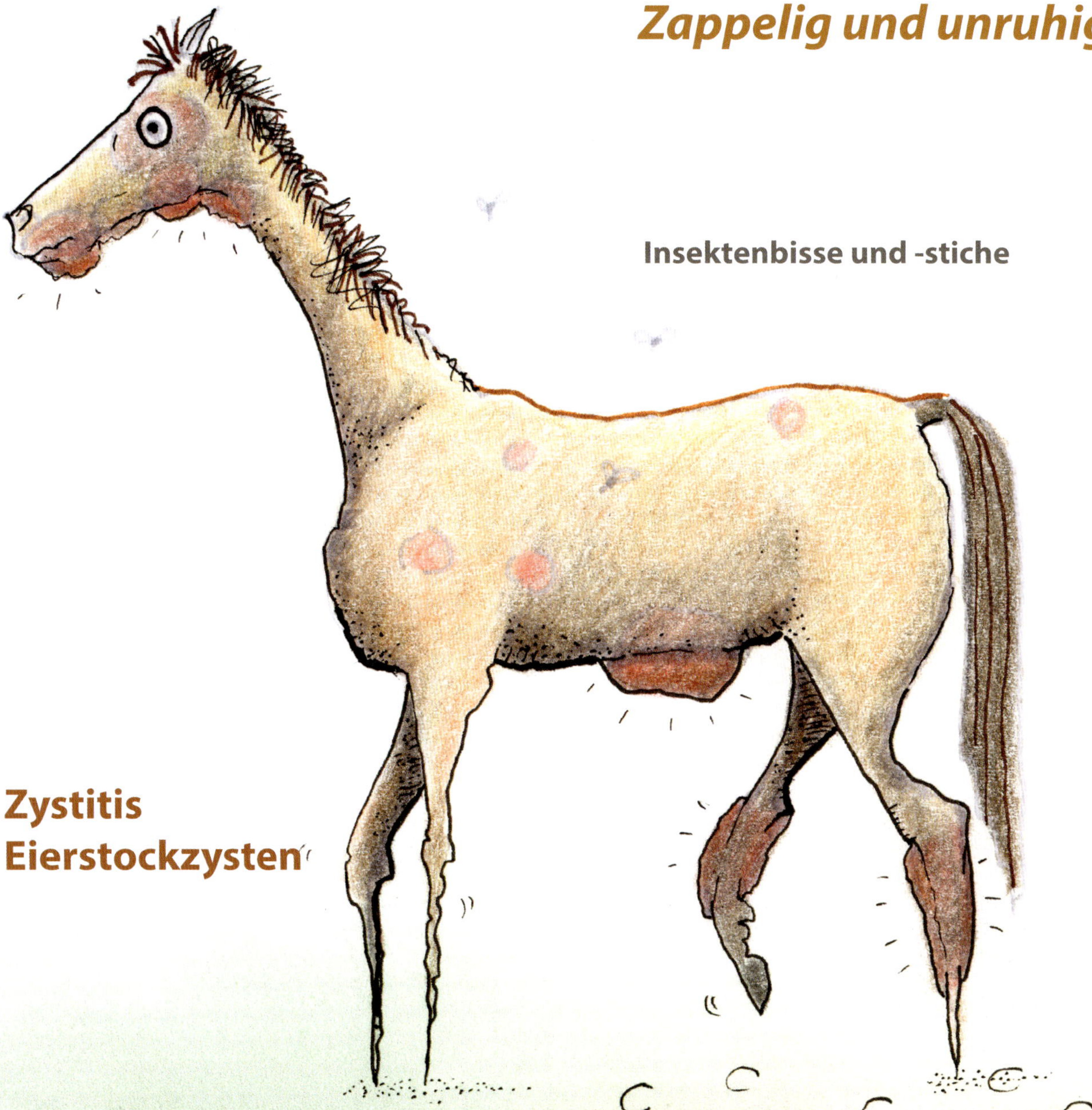

Insektenbisse und -stiche

Zystitis
Eierstockzysten

ALLERGISCHE REAKTIONEN
ÖDEME – v.a. am Kopf
ZELLULITIS

Durstlos
Schlimmer durch Hitze

GEMÜT

Die Persönlichkeit eines Apis-Tiers zeichnet sich durch Energie, Geschäftigkeit und eine hohe Lebenskraft aus. Das Tier ist unruhig, zappelig und will unbedingt mit seiner „Arbeit" vorankommen. Da es sehr empfindlich gegen Berührung und eher ungeduldig ist, wird es schnell gereizt und erregt. Apis zeigt manchmal Anzeichen von Eifersucht und Besitzdenken. Beim Apis-Pferd tritt das in einer herrischen Art und einem starken Kontrollbedürfnis in Erscheinung – sowohl gegenüber seinem Besitzer als auch anderen Tieren. Es ist oft die „Bienenkönigin" in der Koppel. Wenn solch eine Stute brünstig ist, können sich ihre Gemütssymptome zu starker Reizbarkeit steigern, und man kann ihr nichts mehr recht machen.

PATHOLOGIE

Die wichtigsten Symptome, an denen man Apis erkennt, sind Brennen, Stechen, Schwellungen, Anspannung und Rötung. Das Mittel wirkt vor allem auf das Zellgewebe, wo es Ödeme verursacht, vor allem an Haut, Schleimhäuten und serösen Häuten.

ALLGEMEINES

Apis kann kälteempfindlich sein, hat aber Verschlimmerung durch Hitze. Kein Durst.
< Berührung; Druck; Hitze, Stillstehen
> kühle Luft; kalte Anwendungen; Aufdecken; Bewegung

INDIKATIONEN

- Ödem
- Schwellung – Rachen
- Lidschwellung
- Verbrennungen
- Gelenkschmerzen mit Schwellung und Hitze
- Schmerzen in den Eierstöcken – Eierstockzysten
- starker Juckreiz
- Zellulitis
- allergische Reaktionen – Schwellungen
- Lymphangitis
- geschwollene Beine
- Sehnenschwellung
- Bursitis
- Harnverhalten

ARGENTUM NITRICUM

Leistungsangst

Durchfall bei Nervosität

Kolik bei Nervosität

FURCHTSAM UND ÄNGSTLICH

impulsiv

ÜBERSTÜRZT

Angst, dass hohe Gebäude auf ihn stürzen!

AUGEN
Konjunktivitis
Fotophobie
Hornhauttrübung

STÖRUNGEN DES Zentralen Nervensystems

GEMÜT

Furcht und irrationale Ängste kennzeichnen das Argentum-nitricum-Tier. Es hat Angst vor Veränderungen, Reisen, öffentlichen Auftritten (Hundeshows!) und kann in der Menge in Panik geraten. Gleichzeitig kann es nicht allein bleiben. Sein Verhalten ist impulsiv, unberechenbar und überstürzt. Diese Hunde brauchen viel Bestätigung, da ihr Selbstvertrauen leicht beschädigt wird. Es kann für den Besitzer belastend sein, wenn der Hund durch eingebildete Gefahren so gequält zu werden scheint, dass er plötzlich mit unerklärlichem Entsetzen auf vertraute Dinge oder Ereignisse reagiert. Geschlossene Räume und Einengung können Symptome auslösen. Wenn es ihm gut geht, ist der Argentum-nitricum-Hund spontan, fröhlich und anschmiegsam.

PATHOLOGIE

Neurologische Störungen der zerebrospinalen Nerven
greifen auch die Schleimhäute an: Hals, Verdauungssystem und Augen.

ALLGEMEINES

< Emotionen; Furcht; Angst; Alleinsein; geschlossene Räume; Gedränge; Wärme; zuckerhaltige Nahrungsmittel
> kühle Luft; im Freien; Bewegung; fester Druck

INDIKATIONEN

- Beschwerden des ZNS
- Fotophobie
- Durchfall bei Angst
- Magengeschwüre
- Gastroenteritis
- Zittern
- irrationale Ängste
- Koordinationsstörungen
- Verdauungsstörungen
- Kolik und Auftreibung
- Halsentzündung
- Urethritis
- Klaustrophobie
- Erwartungsangst

ARNICA

WILLENSSTARK
SELBSTSICHER

POSTTRAUMATISCHER SCHOCK

„Mir geht's gut!"

„Rühr mich nicht an!"

QUETSCHUNGEN
ZERRUNGEN
GEHIRNERSCHÜTTERUNG

Blutungen
nach einer Geburt
nach einer Operation

GEMÜT

Obwohl Arnica am besten als Akutmittel bekannt ist, gibt es doch deutliche Gemütssymptome, die allen Arnica-Tieren gemeinsam sind. Sie machen nämlich den Eindruck, stark und unverletzbar zu sein, und lassen sich nicht die geringste Hilflosigkeit anmerken. Das Arnica-Jungtier ist mutig, unabhängig und hat ein starkes Selbstvertrauen. Diese Tiere machen sogar dann noch weiter, wenn sie verletzt sind. Erleiden sie jedoch ein erhebliches Trauma, werden sie schnell furchtsam, verdrießlich und apathisch. Für Arnica ist es wichtig, der Erste zu sein, und so sind die Jungen mit ihrer starken Willenskraft auch meist die Ersten an der „Milchbar". Verletzte Arnica-Tiere ertragen es nicht, bemitleidet oder berührt zu werden. Wenn man sie in einer solchen Situation nicht allein lässt, können sie sehr reizbar werden.

PATHOLOGIE

Arnica greift Muskeln, Nerven, Blut und Blutgefäße an mit einer Neigung zu Blutungen.

ALLGEMEINES

< Verletzung; Quetschung; Schock; Überanstrengung; Berührung; Kälte; feuchtes Wetter; nach einer Geburt; niedrige Schmerzschwelle

> Hinlegen; sanfte Bewegung

INDIKATIONEN

- Verletzungen
- Überanstrengung oder Zerrung
- Blutungen in allen Körperteilen
- Furcht, berührt zu werden
- körperlicher und seelischer Schock
- Folgen vergangener Traumata und Verletzungen
- Hämatome
- Nasenbluten
- Quetschungen und Schwellungen
- Muskel- oder Bänderverletzungen
- während und nach der Geburt
- nach einer Operation
- Sepsis: blutunterlaufen
- Fußverletzungen und Hühneraugen
- Thrombose
- schwache Halsmuskeln
- Herzmittel
- Gliederschmerzen
- weist „Hilfe" zurück
- Neuralgien

ARSENICUM ALBUM

FURCHT vor ALLEINSEIN

Ängstlich
Furchtsam
Anspruchsvoll

HEIKEL

KÄLTE-
EMPFIND-
LICH

Sehr unruhig

ERKÄLTUNGEN
GASTRITIS
DURCHFALL
LEBENSMITTELVERGIFTUNGEN

GEMÜT

Arsenicum-Tiere haben ganz ähnliche ausgeprägte Eigenschaften wie die entsprechenden Menschen. Sie neigen zu Zimperlichkeit und Ängstlichkeit und werden durch jede Änderung der Routine aus dem Gleichgewicht gebracht. Ihre Aufmerksamkeit fürs Detail ist erstaunlich – sie sind ständig damit beschäftigt, ihre Umgebung zu überprüfen, ob auch alles an seinem Platz ist. Alleinsein ist für ein Arsenicum-Tier etwas Schreckliches. Sie wollen und brauchen die Anwesenheit anderer, sonst werden sie äußerst unsicher. Das Futter kann für diese Tiere zum Problem werden – sie sind besonders misstrauisch, wenn etwas Neues eingeführt wird. Arsenicum ist sehr kälteempfindlich und extrem ruhelos, besonders wenn es sich unsicher fühlt.

PATHOLOGIE

Arsenicum wirkt auf viele Organsysteme. Haut, Atmung, Verdauung, Schleimhäute und emotionale Probleme sind die Bereiche, in denen am häufigsten Beschwerden auftreten.

ALLGEMEINES

Die Hautsymptome werden gewöhnlich von Trockenheit und brennenden Absonderungen begleitet. Durst, trinkt aber immer nur kleine Mengen.

< zwischen Mitternacht und 2 Uhr; Stress; Alleinsein; Kälte; kaltes Wetter; Anstrengung

> Gesellschaft; Wärme; im Freien; bei Bewegung

INDIKATIONEN

- hochempfindlich gegen Veränderungen
- Furcht vor dem Alleinsein
- schuppige, trockene Haut
- Magengeschwüre
- Schnupfen
- Verhaltensstereotypien
- starker Durchfall
- Konjunktivitis
- Kolitis
- Nierenversagen
- Endometriose
- Regenfäule
- Haarausfall
- Räude
- COPD
- Septikämie
- Fotophobie
- Schwäche und Kollaps

ARSENICUM IODATUM

Überempfindlich
Furchtsam
Ungeduldig

EXTREME RUHELOSIGKEIT

Trennungsangst

Schnell erschöpft

HYPERAKTIV

BÖSARTIGE ERKRANKUNGEN
ATEMBESCHWERDEN
SCHILDDRÜSENPROBLEME

Trockene Haut

GEMÜT

Das Arsenicum-iodatum-Pferd ist noch unruhiger und hyperaktiver als Iodum oder Arsenicum allein. Es ist ständig in Eile und voller Ungeduld, erschöpft sich durch diesen Aktionismus aber schnell und achtet nicht immer auf seine Sicherheit oder die anderer. Wie Arsenicum, ist auch dieses Pferd äußerst ängstlich und leidet unter Trennungsängsten. Es kann Angst vor Fremden zeigen und dann Schutz bei seinem Besitzer suchen. Gelegentlich fällt es einem mit seiner unerträglichen Ruhelosigkeit auf die Nerven, und es ist, wie auch Arsenicum, überempfindlich gegen neue Situationen und Veränderungen in der täglichen Routine.

PATHOLOGIE

Bösartige Erkrankungen. Atmemwege: Bronchitis, Lungenentzündung. Schilddrüse: Schwellung und Verhärtung. Haut: trocken und schuppig. Durchfall.

ALLGEMEINES

Brennende Schmerzen. Scharfe Absonderungen. Schwäche. Abmagerung.

< Hitze UND Kälte; Hunger; 23 - 2 Uhr

> nach dem Essen; im Freien

INDIKATIONEN

- Abmagerung
- extreme Unruhe
- Hyperaktivität
- Lungenentzündung
- Bronchitis
- Schnupfen
- Kopfschütteln
- Drüsenschwellungen
- Hyperthyreose
- Krebs
- Durchfall
- Heuschnupfen
- Schuppenflechte
- trockene, schuppige Haut
- juckende Hautschuppen
- Schwäche
- ungeduldig
- schnell erschöpft

ASARUM

ÜBEREMPFINDLICH

Extrem nervös

Nerven zum Zerreißen gespannt

< Hohe Erwartungen vonseiten des Besitzers

GERÄUSCHE!!!

Schwindel

Frostempfindlich

Chronische Ischialgie
Durchfall

Gefühl zu schweben

GEMÜT

Der auffälligste Aspekt an einem Asarum-Tier ist seine Überempfindlichkeit gegen das leiseste Geräusch. Asarums Nervensystem ist zum Zerreißen gespannt, und schon das geringste Geräusch kann es in Verwirrung stürzen. Das Asarum-Pferd ist extrem nervös und der Hysterie nahe. Neben Geräuschen können auch zu hohe Erwartungen vonseiten seines Besitzers seinen Zustand verschlimmern. Es scheint selbst sehr hohe Leistungsansprüche an sich zu stellen, und das verschärft seine Überempfindlichkeit noch. Das bekannte „Empfinden zu schweben" lässt sich an einem Tier natürlich nicht nachweisen, doch dieses vermittelt einem den Eindruck, nicht richtig geerdet zu sein.

PATHOLOGIE

Asarum wirkt hauptsächlich auf das Nervensystem, wo es Schauer, Beben und Hysterie hervorruft. Es hat auch eine deutliche Wirkung auf den Kopf, einschließlich Augen, Ohren, Nase und Maul. Auch Magen, Verdauungssystem und die weiblichen Geschlechtsorgane stehen unter seinem Einfluss.

ALLGEMEINES

< schon vom leisesten Geräusch: Emotionen – Kälteschauer
kälteempfindlich < kaltes, trockenes Wetter > feuchtes Wetter
< hohe Erwartungen vonseiten des Besitzers

INDIKATIONEN

- enorme Geräuschempfindlichkeit
- überempfindliche Ohren
- nervöse Reizbarkeit
- Durchfall mit festem Schleim
- tränende und brennende Augen
- kann das Striegeln nicht ertragen
- chronische Ischialgie
- Schwindel
- nervöse Taubheit
- verschleimter Husten
- drohender Abort – Nerven
- Kopfschmerzen – angespannte Kopfhaut
- Rückenschmerzen – zu Beginn der Brunst

AURUM METALLICUM

Tiefe Depression

Starke Traurigkeit

MUSS der Anführer sein

AGGRESSIV – kämpft um seine Position

Ernst
Hohes
Selbstwertgefühl
Anspruchsvoll

WUTANFÄLLE

HERZERKRANKUNG – KNOCHEN – KOPFSCHMERZEN – BÖSARTIGE ERKRANKUNGEN

GEMÜT

Das Aurum-Tier nimmt seine Pflichten sehr ernst. Es übernimmt in jeder Lage die Führung, und die anderen Hunde respektieren seine Stellung im Allgemeinen. Wird es jedoch angegriffen, kann es in seiner Entschlossenheit, seine Rolle zu verteidigen, aggressiv und gewalttätig werden. Auch Wutanfälle, bei denen oft kein offensichtlicher Anlass ausgemacht werden kann, sind nicht selten. Verliert der Aurum-Hund seine natürliche Führungsfähigkeit, oder hat er das Gefühl, den Erwartungen nicht zu genügen, kann er in eine ähnlich tiefe Depression verfallen, wie sein Selbstwertgefühl und sein Tateifer vorher hoch waren.

PATHOLOGIE

Die Haupteinflussbereiche von Aurum sind Blutkreislauf, Knochengerüst, Drüsen, Kopf und Genitalien. Besonders anfällig sind Herz und Blut. Bohrende Schmerzen in Kopf, Nebenhöhlen und Knochen sind ein aussagekräftiges Symptom. Aurum ist ein stark syphilitisches Mittel mit einer destruktiven Pathologie.

ALLGEMEINES

Alle Symptome sind sehr heftig.
< kaltes Wetter; nachts
> Bewegung; im Freien; Wärme

INDIKATIONEN

- Depression
- Knochenschmerzen
- Zorn
- Knochenabbau
- Zerstörung des Nasenbeins
- Hodenschmerzen und -schwellung
- Hodenatrophie
- Orchitis
- heftige Kopfschmerzen
- Fotophobie
- Drüsenschmerzen
- heftiges Herzklopfen
- Gelenkschmerzen
- Strahlbeinsyndrom
- Fußknochenentzündung
- Herzinsuffizienz

BARIUM CARBONICUM

ÄNGSTLICH UND SCHÜCHTERN

Extreme Scheu

Trennungsangst

Braucht Bestätigung

Erträgt es nicht, ausgelacht zu werden

LERNT LANGSAM

Versteckt sich

Verwirrt

Unreif

UNTERENTWICKELT

Drüsenschwellungen

Erkältungen

Schwerfällig

GEMÜT

Der Barium-carbonicum-Hund ist extrem schüchtern und ängstlich und braucht viel Bestätigung und genügend Zeit, um zu tun, was man von ihm verlangt. Er macht einen eher begriffsstutzigen und langsamen Eindruck, doch meistens ist er einfach nur zu verwirrt und nervös aus Angst, etwas falsch zu machen. Er leidet unter Trennungsängsten, hat Angst vor Fremden und die Neigung, sich hinter seinem Besitzer zu verstecken. In seiner Verwirrung kann er dumm und kindisch erscheinen; er ist grundsätzlich kein mutiger Hund. Er spielt nicht gern mit anderen Hunden und hat ein sehr geringes Selbstvertrauen. Schlimmstenfalls kann er Anzeichen geistiger Retardierung zeigen.

PATHOLOGIE

Häufig verordnet bei Schwachsinn oder emotionaler Unreife. Neigung zu Drüsenvergrößerungen. Aufweichung und Erweiterung des Gefäßsystems – Aneurysmen, Rupturen usw.

ALLGEMEINES

< in Gesellschaft; Kälte und Feuchtigkeit; Sonnenhitze
> Warmhalten; in häuslicher Geborgenheit

INDIKATIONEN

- frühe Senilität
- schwächstes Tier des Wurfs
- Drüsenschwellungen
- Halsentzündung
- vergrößerte Tonsillen
- Schädelverletzungen bei Neugeborenen
- trockene oder feuchte Ausschläge am Kopf
- Prostatavergrößerung
- Haarausfall bei Jungtieren
- geistig langsam, Retardierung
- Minderwuchs
- Schwellung der Halslymphknoten
- profuser Speichelfluss
- Lipom
- Erkältungsneigung
- Verdauungsschwäche
- Alterslähmung
- fettige Tumoren am Hals

BELLADONNA

PLÖTZLICH ***HEFTIG***

Zorn
Raserei
Gewalttätigkeit

Fluchtdrang

FIEBER

KOPFSCHMERZEN - ***pochend***
ENTKRÄFTUNG DURCH HITZE

KONVULSIONEN

BESCHWERDEN MIT
Rötung
Brennen
Hitze
Pulsieren

GEMÜT

Das Belladonna-Tier zeigt äußerst heftige und überschießende Reaktionen, sowohl körperlich als auch seelisch. Es neigt zur Hyperaktivität und plötzlichem, stark aufbrausendem Verhalten. In dieser Verfassung ist es wild, rabiat und hat überhaupt keine Selbstbeherrschung. Jeder Interventionsversuch ist geeignet, weitere Tobsuchtsanfälle hervorzurufen. Diese Intensität ist gewöhnlich kurzlebig, aber doch beängstigend und geht oft mit Treten, Beißen und Brüllen einher. Die natürliche Stressreaktion ist hier der Kampf. Das Tier kann jedoch auch einen Fluchtversuch unternehmen, wenn es sich erschrickt oder seine Unterlegenheit bemerkt. Wenn es nicht gestresst oder innerlich aufgebracht ist, ist das Belladonna-Tier lebhaft, reizend, frech und verspielt.

PATHOLOGIE

Belladonna wirkt auf Gehirn und Nervenzentren und ist angezeigt bei Entzündungen oder plötzlich auftretenden Symptomen.

ALLGEMEINES

< Sonnenhitze; Licht; Geräusche; Erschütterungen; Berührung; Bewegung; 15 Uhr; Zugluft

> Ruhe; mit angelehntem Kopf

INDIKATIONEN

- Wut, Raserei und Gewalttätigkeit
- Erregung
- Fluchtdrang
- Hypersensibilität
- plötzliches Auftreten der Symptome
- Fieber
- Entzündungen
- akute Mastitis
- Kopfschmerzen – pochend
- akuter Kreuzverschlag bei Pferden
- geschwollene, entzündete Gelenke
- erweiterte Pupillen
- Hitzschlag
- Laminitis – Bocksprungpuls
- Epilepsie, Konvulsionen
- septische Arthritis
- Kolik – Hitze, starke Schmerzen
- Kopfschütteln bei Pferden
- wirkt auf das Nervensystem
- Hitze, Brennen, Rötung
- Bronchitis mit hohem Fieber

BORAX

PENG!!

Überempfindlich gegen GERÄUSCHE

NERVÖS
ERSCHRICKT LEICHT

ABNEIGUNG GEGEN GEDRÄNGE

Furcht vor Abwärtsbewegung

Vor plötzlicher Bewegung

Schaukeln, Schwanken

SCHLEIMHAUTBESCHWERDEN
Zystitis - *SCHRILLE SCHREIE*
Strahlfäule im Maul

GEMÜT

Besonders auffällig ist am Borax-Tier die Überempfindlichkeit gegen Geräusche und plötzliche Bewegung. Es erschrickt sehr leicht und hat eine eigentümliche Abneigung gegen Abwärtsbewegung. Das sieht man am Borax-Pferd, das sich auf Reisen oft sehr unwohl fühlt, vor allem dann, wenn der Pferdeanhänger sich abwärts neigt. Zusammen mit dem Schaukeln des Wagens und dem Klappern von Rampe und Türen macht das eine Reise für ihn zu etwas Unerträglichem. Jede Veränderung, die die Ruhe, die es so verzweifelt sucht, stört, kann es verstört aufscheuchen oder, umgekehrt, sich zurückziehen lassen. Es ist oft unentschlossen und anhänglich und kommt völlig durcheinander, wenn es unklare Anweisungen von seinem Besitzer erhält.

PATHOLOGIE

Wirkt hauptsächlich auf Nerven und Schleimhäute, vor allem im Maul; Magen-Darm-Reizungen.

ALLGEMEINES

< Abwärtsbewegung; Geräusche; plötzliche Bewegung;
Verlangen nach Aufenthalt im Freien, aber < durch kalte Luft
> Druck; abends

INDIKATIONEN

- Schwindel
- Furcht vor plötzlichen Geräuschen
- Hautgeschwüre
- Maulgeschwüre
- rissige Zunge
- Strahlfäule – im Maul
- geschwollene Tonsillen
- Genitalherpes
- Zystitis – schrille Schreie
- Furcht zu stürzen
- Furcht vor Abwärtsbewegung
- starke Speichelbildung
- grüner, schleimiger Durchfall
- Lippenherpes
- Reisekrankheit
- Abneigung gegen Gedränge
- Mauke
- ungesunde Haut

BRYONIA

* FIEBER – LANGSAMER BEGINN
* ERKÄLTUNGEN, HUSTEN, BRONCHITIS
* VERDAUUNGSBESCHWERDEN
* SCHWINDEL

REIZBAR – MÜRRISCH

„Lass mich allein!"

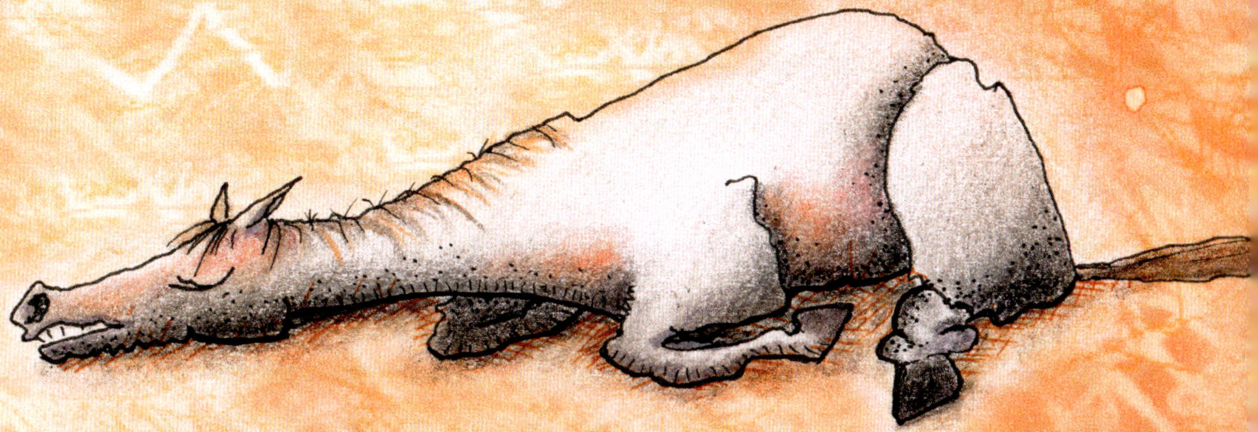

Durst – große Mengen – häufig

Besser bei Ruhe – schlimmer bei Bewegung

GEMÜT

Das Bryonia-Pferd ist auffallend reizbar und mürrisch, und das kann so weit gehen, dass es aggressiv wird, wenn man es nicht in Ruhe lässt. Es ist unbeirrbar, entschlossen und von Natur aus schweigsam. Die anderen Pferde in der Herde begegnen ihm mit vorsichtigem Respekt, da es sich von Gesellschaft häufig gestört fühlt. Das Bryonia-Pferd erträgt keine Berührungen, vor allem wenn es Schmerzen hat, und seine Reizbarkeit steigert sich noch, wenn es nicht bekommt, was es will. Wenn sich ein Tier im Bryonia-Zustand befindet, will es sich überhaupt nicht mehr bewegen, weil jede Bewegung die Schmerzen unerträglich werden lässt.

PATHOLOGIE

Bryonia greift hauptsächlich Schleimhäute, Gewebe und Gelenke an – alle entzündlichen Erkrankungen mit starken Schmerzen – Fieber; Verdauungs- und Atembeschwerden; Arthritis; Muskelschmerzen.

ALLGEMEINES

Starker Durst, trinkt große Mengen auf einmal. Die Schleimhäute trocknen aus.

< geringste Bewegung; Anstrengung; heißes Wetter; Hitze; Berührung; am frühen Morgen; tiefe Atemzüge; Kälte; Fressen

> Druck; Liegen auf dem schmerzhaften Körperteil; Ruhe

INDIKATIONEN

- geschwollene, schmerzhafte Gelenke
- Muskelschmerzen
- Reizbarkeit
- Bronchitis
- Lungenentzündung
- trockener Husten
- meidet Bewegung
- Rückenschmerzen
- Dyspnoe
- Verstopfung
- Arthritis
- akute Laminitis
- Kreuzverschlag
- Mastitis
- Fieber
- Strahlbeinsyndrom
- Lymphangitis
- Verdauungsbeschwerden

CALCIUM CARBONICUM

UNSICHER
FURCHTSAM – Rückzug – wie eine Auster

Furcht vor Dunkelheit und Gespenstern

FROSTEMPFINDLICH
VIELE ERKÄLTUNGEN
OHRINFEKTIONEN
DRÜSENSCHWELLUNGEN

GEMÜT

Der Calcium-carbonicum-Welpe gilt häufig als begriffsstutzig und nicht sehr helle. Es scheint ihm in der Tat schwer zu fallen, etwas Neues zu begreifen. Das liegt jedoch nicht an mangelnder Intelligenz, sondern daran, dass er Zeit braucht, um sich etwas anzueignen und Sicherheit zu gewinnen, dass er das, was von ihm verlangt wird, auch schaffen kann. Er fühlt sich schnell überfordert und reagiert dann noch langsamer. Was er jedoch einmal gelernt hat, vergisst er nie wieder. Der Calcium-carbonicum-Hund kann sehr ängstlich werden, wenn er sich unsicher fühlt oder in seiner Routine gestört wird. Doch anstatt Panik oder Ärger zu zeigen, wenn er sich bedroht fühlt, zieht er sich lieber in sein „Schneckenhaus" zurück. Er drängt zwar anderen nicht seinen Willen auf, kann jedoch sehr stur sein, wenn er bei dem, was er gerade tut, unterbrochen wird – ganz gleich, wie unbedeutend es anderen erscheinen mag.

PATHOLOGIE

Calcium carbonicum beeinflusst Wachstum, Stoffwechsel und Körperfunktionen und hat einen weitgehenden Einfluss auf Gewebe, Blut, Knochen, Nerven, Atemwege, Gelenke, Haut und Augen.

Kann einen starrsinnigen
Eindruck machen

Begreift nur langsam

Will alles richtig machen

LANGSAME ENTWICKLUNG

Schwache Haare, Nägel, Knochen, Zähne

Was er einmal gelernt hat,
vergisst er nie wieder!

CALCIUM CARBONICUM

ALLGEMEINES

Calcium-carbonicum-Tiere sind kälteempfindlich und frieren leicht.
< Anstrengung; feuchtkaltes Wetter; Zugluft; Wetterwechsel; Angst; überanstrengte Augen
> trockenes, warmes Wetter

INDIKATIONEN

- fehlender Muskeltonus
- langsame Entwicklung
- Mangel an Ausdauer
- Angst
- stur, hartnäckig
- Gelenkbeschwerden
- Arthritis, degenerative Gelenkerkrankung
- Rückenschwäche
- Kissing spine
- Verletzungen durch Überanstrengung
- schwache Zähne
- Grauer Star, Hornhauttrübung
- chronisch vergrößerte Lymphknoten
- Drüsenbeschwerden
- wiederkehrende Ohrinfektionen
- Erbrechen nach Milchtrinken
- erkältet sich leicht
- schwere Verstopfung – kein Stuhldrang
- frisst Unverdauliches
- schwache und brüchige Nägel

CARBO VEGETABILIS

Reaktionsmangel

APATHIE
GLEICHGÜLTIGKEIT
TRÄGHEIT

LUFTNOT
BLAUFÄRBUNG
SCHWÄCHE

KALT

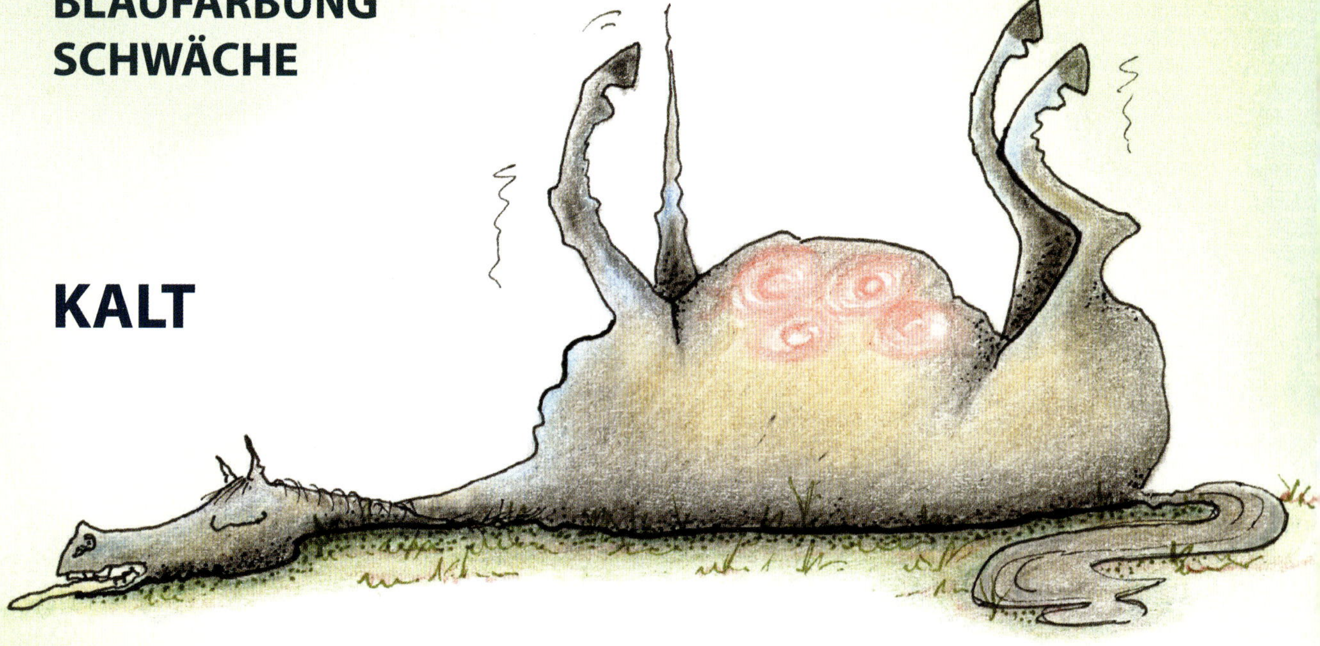

KOLLAPS – keine Kraft zur Genesung

SAUERSTOFFMANGEL
VERDAUUNGSBESCHWERDEN

VENÖSER BLUTKREISLAUF
GESCHWÜRE

GEMÜT

Carbo vegetabilis, berühmt für seine Fähigkeit, „Leichen wiederzubeleben", hat ausgeprägte geistige und emotionale Symptome. Dieses Tier ist apathisch, träge und scheinbar gleichgültig gegenüber seiner Umgebung. Es kann sich auch als schüchtern und schreckhaft erweisen mit einer Furcht vor Dunkelheit. In menschlichen Begriffen ist „Gespenster sehen" ein Teil des Mittelbildes – ein Tier in diesem Zustand kann denselben Eindruck machen. Das Carbo-vegetabilis-Tier ist zuweilen reizbar und bissig und kann um sich schlagen, wenn es unfreundlich behandelt wird. Insbesondere nachts ist es ängstlich und ruhelos und lässt eine überwältigende Erschöpfung erkennen, die sowohl physischer als auch emotionaler Natur sein kann.

PATHOLOGIE

Wirkt auf den Venenkreislauf: Blutstau in den Venen, ungenügende Oxidation. Geschwüre. Kollapsmittel. Ist seit einer vergangenen Erkrankung nie mehr richtig gesund gewesen.

ALLGEMEINES

Kälteempfindlich. Fühlt sich bei Berührung kalt an, aber inneres Brennen. Blaufärbung. Verlangen nach Luft.
< abends; nachts; Kälte; feuchtwarmes Wetter
> Windabgang; frische Luft

INDIKATIONEN

- chronische Symptome
- fühlt sich kalt an
- Kreislaufschwäche
- Sauerstoffmangel
- Auftreibung des Abdomens
- Blähungskolik
- Lungenentzündung – chronisch
- Todesnähe
- schwerer Schock
- Septikämie
- geringe Lebenskraft
- schwere Laminitis
- Verdauungsschwäche
- Haarausfall
- Flüssigkeitsverlust
- Apathie, Gleichgültigkeit
- Geschwüre
- sieht Gespenster

CAUSTICUM

Alter Kummer, Misshandlungen

FÜRSORGLICH

Melancholisch

Argwöhnisch
Ängstliche Vorahnungen
Furchtsam

Gesichtslähmung
Sehnenkontraktur
Arthritis
Warzen

Inkontinenz
Zystitis

GEMÜT

Der Causticum-Hund ist ein sensibles und oft ängstliches Tier. Er kommt nicht gut mit Stress zurecht und zeigt dann schnell Anzeichen ängstlicher Vorahnungen, als werde gleich etwas Schreckliches passieren. Manchmal befindet er sich in einer melancholischen, argwöhnischen Verfassung, besonders dann, wenn er an lange andauerndem Kummer leidet oder als Folge vergangener Misshandlungen. Dieser Hund nimmt oft die Rolle eines Fürsorgers oder Beschützers der Tiere und Menschen, mit denen er zusammenlebt, ein. Jede Bedrohung eines Gruppenmitglieds empfindet er als Bedrohung der ganzen Gruppe und reagiert darauf oft mit einem Beschützerinstinkt. Dennoch ist es kein aggressives Tier. Causticum ist sehr betroffen, wenn sein Besitzer traurig ist, und zeigt dann seine „Sympathie", indem er ständig seine Nähe sucht.

PATHOLOGIE

Causticum wirkt auf Nervensystem und Blasenmuskulatur, Rachen und Gliedmaßen – ein wichtiges Mittel bei Schwäche und Lähmung.

ALLGEMEINES

< kalte Luft; Zugluft; Wetterwechsel; Anstrengung
> Wärme; feuchtwarmes Wetter

INDIKATIONEN

- Lähmung
- Inkontinenz
- Sehnenkontraktur
- Arthritis – steife Gelenke
- Muskelschmerzen
- Verlust der Muskelkraft
- Gesichtslähmung
- Kehlkopflähmung
- Harnverhalten
- Gliederschwäche
- Ataxie
- Nervenlähmung
- steifer Nacken
- Gelenkdeformation
- Warzen
- Wucherungen an den Lidern
- nicht heilende Geschwüre und Wunden
- harter, trockener Husten
- Folgen vergangener Misshandlungen
- ängstliche Vorahnungen

CHAMOMILLA

„Schau mich nicht an!"
„Komm mir nicht zu nahe!"

„TRAG MICH!"

ÜBEREMPFINDLICH
REIZBAR
UNGEDULDIG
Hoch emotional

Veränderlich

HEISS

Ruhelos

ZORN

ZAHNUNG – KOLIK – OHRENSCHMERZEN – DURCHFALL

GEMÜT

Das Chamomilla-Tier ist äußerst schmerzempfindlich, weshalb es emotional geladen und dramatisch auf jedes Unwohlsein reagiert. Das Tier ist zornig, nicht nur aufgrund seiner physischen Sensibilität, sondern auch aufgrund wirklicher und eingebildeter Angriffe vonseiten anderer. Chamomilla ist intolerant, ungeduldig, sehr reizbar und weist alle Besänftigungsversuche zurück. Es macht unmissverständlich klar, dass niemand es anschauen darf, geschweige denn, sich ihm nähern. Es nimmt Bedrohungen wahr, die gar keine sind, und geht sofort in Verteidigungsstellung. Bei Chamomilla-Tieren bekommt man das Gefühl, dass man sie mit NICHTS zufriedenstellen kann – noch nicht einmal mit etwas, was sie selbst verlangt haben.

PATHOLOGIE

Zahnung. Übererregtes Nervensystem. Schleimhäute des Verdauungssystems und der Atemwege. Kreislauf. Entzündung.

ALLGEMEINES

Unruhe bei Schmerzen. Heiß. Durstig. Unerträgliche Schmerzen.
< Wärme; Berührung; Druck; Geräusche
> Kälte, aber < durch kalten Wind

INDIKATIONEN

- veränderlich, launisch
- Schmerzempfindlichkeit
- Übererregbarkeit
- Intoleranz
- Ruhelosigkeit
- Speicheldrüsenschwellung
- Zahnungsschmerzen
- Kolik – schlimme Schmerzen
- grüner, wässriger Durchfall
- Schmerzen im unteren Rücken
- rheumatische Schmerzen
- Otitis media
- Krämpfe und Zuckungen
- Reizbarkeit vor der Brunst
- Facialisneuralgie

CHELIDONIUM

Neigung, andere zu tyrannisieren
Herrschsüchtig

Reizbar, wütend
Ungesellig

Ängstliche Erwartungen

GELB

Übertragungs-schmerzen in der rechten Schulter

LEBERMITTEL
GALLENBLASE
VERDAUUNGSSYSTEM
ATEMWEGE

VERNÜNFTIG
BODENSTÄNDIG

GEMÜT

Das Chelidonium-Pferd scheint ein relativ unkomplizierter Typ zu sein. Es ist bodenständig, vernünftig und seiner Stellung sicher. Es kann herrisch sein und neigt dazu, seine Koppelgefährten zu tyrannisieren. Wenn es krank ist, ist es ziemlich reizbar, manchmal zornig, ungesellig und niedergeschlagen. Tiere im Chelidonium-Zustand können auch Anzeichen von Angst oder Besorgnis wegen ihres physischen Unwohlseins zeigen. Es ist schwer zu sagen, ob das in der Wahrnehmung ihrer geschwächten Position in der Herde begründet liegt oder einfach eine Reaktion auf das Unwohlsein ist.

PATHOLOGIE

Affinität zu Leber, Gallenblase und Lunge. Überwiegend rechtsseitig. Blähung und Auftreibung des Abdomens. Übertragungsschmerzen in der rechten Schulter. Gelenkschmerzen und -steifigkeit.

ALLGEMEINES

Kälteempfindlich. Lethargie und Ermüdung schon bei geringer Anstrengung.

< Berührung; Bewegung; Wetterwechsel; 4 – 16 Uhr

> Strecken – um den Druck im Abdomen zu lindern

> Fressen – vorübergehend

INDIKATIONEN

- Lebersymptome
- Gelbsucht
- gelbe Skleren
- träge Verdauung
- Knieschmerzen
- Nackensteife
- Lungenentzündung
- Lethargie
- Kreuzkrautvergiftung
- Arthritis – rechte Schulter
- Lichtempfindlichkeit
- Leberunterstützungsmittel
- tyrannisiert andere
- Hepatitis
- Kolik
- schwere Beine

CINA

„FASS mich nicht AN!“

ZORNIG

LEBERMITTEL
GELBFÄRBUNG

STÖRUNGEN DES ZNS
Konvulsionen

Juckreiz
an Nase und Ohren

Heißhunger

Würmer
Aufgeblähter Bauch
Juckreiz am Anus

GEMÜT

Cina ähnelt in mancherlei Hinsicht dem Chamomilla-Tier, nur ist es noch reizbarer, unzufriedener und aggressiver in seinen Reaktionen. Berührungen findet es unerträglich, ja es erträgt noch nicht einmal, angeschaut zu werden. Eigentlich stört das Cina-Tier ALLES. Jede Veränderung im Umfeld und jede neue Situation wird von ihm als Bedrohung wahrgenommen. Man hat das Gefühl, als gebe es seinem Besitzer die Schuld an seinem Unbehagen – so aggressiv ist sein Verteidigungsverhalten. Während Chamomilla einfach zornig und reizbar ist, scheint der Zorn von Cina persönlicher gemeint zu sein – er richtet sich gegen andere. Die neurologischen Symptome verschlimmern sich, wenn man es ausschilt.

PATHOLOGIE

Verdauungssystem. ZNS. Wurminfektionen. Lebermittel. Sensibler N. facialis.

ALLGEMEINES

Großer Hunger ohne Gewichtszunahme. Nasescheuern und Zähneknirschen.

< nachts; Berührung; Würmer; im Freien

> Liegen auf dem Bauch

INDIKATIONEN

- Juckreiz an Nase und Ohren
- scheuert Nase und Ohren
- Würmer
- Krampfhusten
- Hunger ohne Gewichtszunahme
- Durchfall durch Würmer
- Epilepsie
- Kopfschütteln
- erweiterte Pupillen
- Juckreiz am Anus
- Gliederzucken
- Zähneknirschen
- Wurmkolik
- Zuckfuß (Hahnentritt)
- Abneigung gegen Berührung
- Zorn
- aufgetriebenes, hartes Abdomen
- gelbe Augen und Haut
- riecht sauer

COCCULUS

ERSCHÖPFT DURCH SORGEN

SCHLAFMANGEL

Krämpfe und Schwäche
EPILEPSIE und Konvulsionen

REISEKRANKHEIT
Übelkeit und Ohnmacht

Facialislähmung

Besser im Liegen

GEMÜT

Ein Tier, das Cocculus als Arzneimittel braucht, zeigt Zeichen äußerster Erschöpfung durch Angst und Schlafmangel. So kann eine Stute, die ein schwaches und/oder krankes Fohlen hat, in einen Cocculus-Zustand verfallen und aus Furcht vor möglichen Angreifern keine Ruhe finden. Das Tier scheint neben sich zu stehen und völlig betäubt zu sein. Es macht einen geistesabwesenden, tieftraurigen Eindruck und begreift und reagiert extrem langsam. Die Symptome können, zusammen mit einem geschwächten ZNS, durch jede Art von Stress und Kummer ausgelöst werden. Obgleich das Tier keinen Bezug zu seinem Körper mehr zu haben scheint, ist es sehr empfindlich gegen äußere Reize: Es erschrickt leicht und zittert durch das leiseste Geräusch oder die geringste Berührung.

PATHOLOGIE

Cocculus beeinträchtigt hauptsächlich das ZNS: Schwindel, Epilepsie, Lähmung und Reisekrankheit.

ALLGEMEINES

< Schlafmangel; Sorgen um andere; Berührung; Geräusche; Bewegung

INDIKATIONEN

- Reisekrankheit
- Schlafmangel
- Sorgen um andere
- Facialislähmung
- Gleichgewichtsstörungen
- Schwindel
- Kiefermyositis
- Epilepsie und Konvulsionen
- Krämpfe und Schwäche
- Übelkeit und Erbrechen
- Leberschmerzen
- schwacher unterer Rücken
- schwacher Nacken
- Knacken im Karpalgelenk
- Zittern der unteren Gliedmaßen
- schmerzhafte, steife Kniegelenke
- geistige Dissoziation
- tiefe Traurigkeit

CONIUM

STUMPFSINNIG
VERWIRRT

SCHWINDEL
FOTOPHOBIE
SENILITÄT

LÄHMUNG – geistig, emotional und körperlich

GLIEDMAẞEN – Zittern, Schwere, Schwäche, Taubheit, aufsteigende Lähmung

Harte Drüsen
Tumoren der Sexualorgane
Milchfieber und Mastitis
Verminderte Sehkraft

GEMÜT

Das Conium-Tier ist schüchtern und bedrückt. Es hat Angst, allein zu sein, erträgt aber zugleich die Gegenwart anderer nicht. Die körperliche Lähmung von Conium spiegelt sich im geistigen und emotionalen Zustand des Tiers wider. Es macht einen zurückgezogenen Eindruck und äußert nichts, was man für eine normale emotionale Reaktion auf seinen Zustand halten würde. Von einem Beutetier würde man erwarten, dass seine nachlassende Fähigkeit, seine Gliedmaßen zur Flucht zu gebrauchen, es in Todesangst versetzt, doch das Conium-Tier reagiert gar nicht so. Seine Reaktion auf Stress ist eher eine Depression als Angst und Hysterie. Conium bevorzugt eine strenge Routine und eine überschaubare, sichere Umgebung mit so wenig Aufregung wie möglich. Es kann einen stumpfsinnigen und verwirrten Eindruck machen.

PATHOLOGIE

Die Haupteinflussbereiche von Conium sind das ZNS, die Drüsen sowie sexuelle und geistige Störungen.

ALLGEMEINES

< Anstrengung; vor und während der Brunst; Kälte; trockene, heiße Luft; Kopf- und Augenbewegungen (Schwindel)

INDIKATIONEN

- stumpfsinnig und verwirrt
- Senilität
- Aufregung verursacht Depression
- Drüsenverhärtung
- Tumoren der Sexualorgane
- Prostatavergrößerung
- Milchfieber
- verminderte Sehkraft
- Schwindel
- Fotophobie
- Störungen des Innenohrs
- Lähmung – aufsteigend
- Arthritis – schwache Hinterbeine
- Gleichgewichtsstörung
- Harnblasenlähmung
- Harntröpfeln
- vergrößerte Lymphknoten
- Meningitis mit Lähmung
- Verletzungen von Gehirn oder Wirbelsäule
- nagende Geschwüre
- Talgzysten
- Krebs

CUPRUM METALLICUM

Arbeitet schwer
Denkt langsam

STEIF
VERSCHLOSSEN
Braucht Routine und Regeln

Folgen von Schreck oder unterdrückten Emotionen

Aggressive Ausbrüche

NERVENSYSTEM

KRÄMPFE
ANSPANNUNG

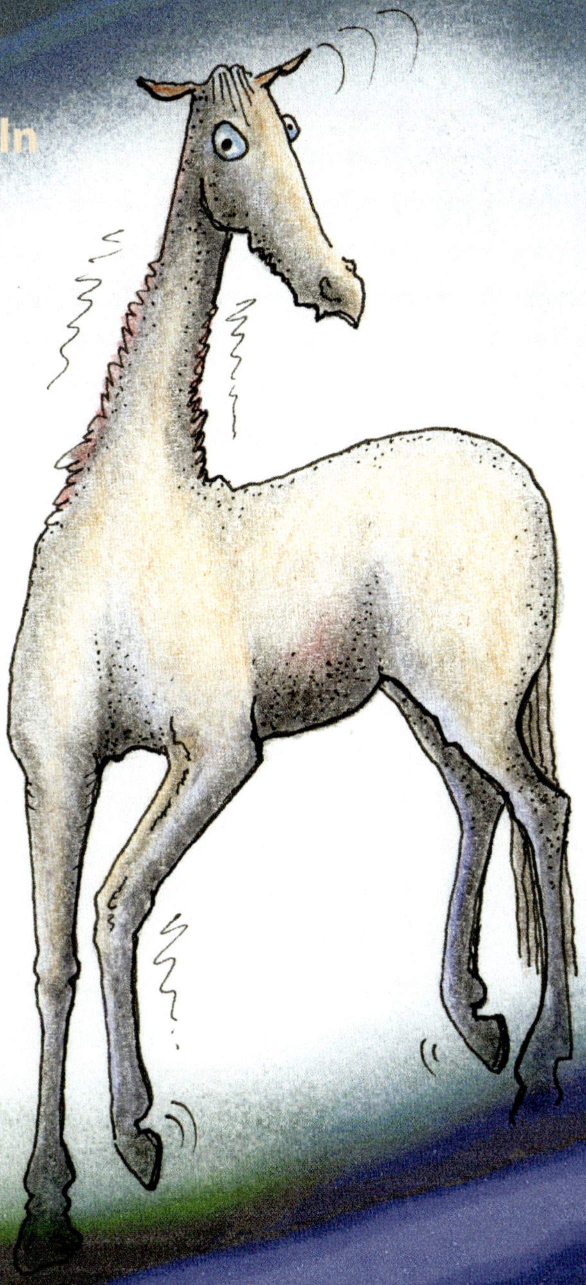

GEMÜT

Das Cuprum-Pferd braucht Routine und Grenzen, um sich sicher zu fühlen. Es macht einen ernsten, zurückgezogenen und selbstbeherrschten Eindruck. Normalerweise zeigt es seine Gefühle nicht, doch sein Körper gibt in Form von Krämpfen, Spannungen und Zittern Aufschluss über seinen inneren Zustand. Wenn es Gefühle zeigt, dann durch Verlust der Selbstbeherrschung mit aggressiven Ausbrüchen. Das Cuprum-Tier hat Angst davor, angegriffen zu werden, und vor allem Neuen. Es ist ein Schwerarbeiter, begreift jedoch nur langsam, wenn man ihm etwas Neues beibringen will. Es nimmt jede Kritik übel und kann darauf mit Zorn reagieren.

PATHOLOGIE

Erkrankungen des Nervensystems: Krämpfe und Konvulsionen Atemwege, Herz und Verdauungssystem.

ALLGEMEINES

Die Symptome werden von Krämpfen begleitet und treten zuerst an den Enden der Gliedmaßen auf. Eine wichtige Causa sind unterdrückte Emotionen.

< kalte Luft; Berührung; Bewegung; emotionale Erregung

> Schwitzen

INDIKATIONEN

- blaue Skleren
- hervorquellende Augen
- Anspannung durch Angst
- schwere Kolik
- Muskelkrämpfe
- aufbrausendes Verhalten
- Krämpfe, Chorea
- Asthma – erstickender Husten
- Epilepsie, Konvulsionen
- Kreuzverschlag
- Zuckfuß (Hahnentritt)
- Schauder
- Eklampsie
- Taumeln
- Selen- oder Kupfermangel
- Steifheit

FERRUM METALLICUM

REIZBAR
WILLENSSTARK

Aggressiv bei Behinderung
HERRSCHSÜCHTIG

HASST
Geräusche

Robuste Erscheinung,
aber schwach und erschöpft

ANÄMIE
STARKE SCHWEIßBILDUNG

BLUTUNGEN
VERGRÖßERTE LEBER
DURCHFALL

GEMÜT

Mit seiner robusten Erscheinung und seinem oft starken Körperbau sieht das Ferrum-Tier wie eine Kraft aus, mit der man rechnen muss. Es hat einen starken Willen und kann ziemlich herrschsüchtig sein – ja, sogar aggressiv, wenn es sich behindert fühlt. Jede Einmischung in seine zielgerichtete Entschlossenheit kann eine gereizte Reaktion entfachen, denn wenn es sich einmal etwas vorgenommen hat, überrennt es alles, was sich ihm in den Weg stellt. Es hat eine sehr starke Durchhaltekraft. Bei einem Arbeitstier sind diese Eigenschaften etwas sehr Positives, können ihm jedoch auch das Genick brechen, weil es immer Gefahr läuft, seine Grenzen zu überschreiten – und dann Schwäche und Erschöpfung zu erliegen. Es reagiert sehr empfindlich auf Geräusche und ist leicht reizbar.

PATHOLOGIE

Ferrum hat eine Affinität zu Blut und Kreislauf, Muskelgewebe, Verdauungstrakt und Extremitäten.

ALLGEMEINES

Mögliche Verschlimmerung durch Ruhe oder Anstrengung – besser durch langsame Bewegung.
< kaltes Wetter; nachts, besonders Mitternacht

INDIKATIONEN

- Anämie
- Blutungen
- vergrößerte Leber
- Regurgitation nach dem Fressen
- Blähungskolik, besonders nachts
- blasses Zahnfleisch
- schwache Jungtiere
- Reizbarkeit
- erträgt nicht das leiseste Geräusch
- starke Schweißbildung
- wässriger Durchfall
- Blut mit dunklen Gerinnseln
- Gelenkknacken
- Rheuma

FLUORICUM ACIDUM

HERRISCH

Gleichgültig gegenüber der Familie

Sehr heiß

FREUDIG ERREGT
HEITER

Sexbesessen

GESCHWÜRE
ZAHNPROBLEME
MISSBILDUNGEN
ENTZÜNDUNG

ALTERSERKRANKUNGEN

GEMÜT

Das herrische, aufdringliche und manchmal aggressive Fluoricum-acidum-Pferd ist nicht das beliebteste Pferd in der Herde. Es benimmt sich herablassend und gleichgültig gegenüber seinen Koppelgefährten und schließt eher keine engeren Freundschaften mit anderen Pferden. Gleichzeitig kann es bei der ersten Begegnung extravertiert und freundlich sein. Fluoricum acidum neigt zur Isolation – solange er den Stuten keine unerwünschte Aufmerksamkeit aufzwingt, denn dieser Hengst ist sexbesessen. Er macht einen freudig erregten, energischen, heiteren und furchtlosen Eindruck, kann aber auch in eine tiefe Depression verfallen mit Anzeichen innerer Ängste.

PATHOLOGIE

Destruktivität ist das Schlüsselwort dieses Mittels: chronische, langsam fortschreitende, tief destruktive Störungen. Betroffen sind Stoffwechsel, Knochen und Bindegewebe, daher ist Fluoricum acidum oft bei Erkrankungen älterer Tiere angezeigt.

ALLGEMEINES

< Hitze – Hitzeunverträglichkeit; Sommer
> kaltes Abspritzen

INDIKATIONEN

- Geschwüre
- Alterserkrankungen
- Zahnverfall
- zerbröckelnde Hufe
- chronische Laminitis
- Zahnabszesse
- Haarausfall
- Gelenkentzündung
- Gleichgültigkeit
- Melanome
- degenerative Gelenkerkrankung
- Knochennekrose
- lose Hufwand
- Missbildungen
- Knochenwucherungen
- übermäßiger Sexualtrieb
- Hautgeschwüre
- Nymphomanie

GELSEMIUM

ABSTUMPFUNG

NERVOSITÄT

Erwartungsangst

ZITTERN

Folgen von Furcht und Schreck

SCHWACH
MÜDE
ENERGIELOS

MOTORISCHE LÄHMUNG

FIEBER
HYPOMAGNESIÄMIE

Nie mehr gesund seit einem schweren Schreck

GEMÜT

Schwäche, Zittern und Scheu sind starke Anzeichen dafür, dass ein Tier sich im Gelsemium-Zustand befindet. Gelsemium-Symptome treten oft infolge Furcht, Schock oder Schreck auf. Das Tier macht einen nervösen und äußerst ängstlichen Eindruck, während es zugleich zu schwach und energielos ist, um mit seinem Stress fertig zu werden. Es kann sowohl seelische als auch körperliche Lähmung zeigen und lethargisch und völlig apathisch erscheinen. Neue Situationen und Druck können Furcht auslösen, während es mit seinen inneren emotionalen Reaktionen nicht zurecht kommt. Verlangt man von diesem Tier eine Leistung, wird es vor Angst unbeweglich und hinfällig.

PATHOLOGIE

Am stärksten betroffen ist das Nervensystem, es wirkt auf die Muskulatur und die motorischen Nerven von Kehle, Augen, Harnblase, innerem Hals und Anus. Es beeinflusst zudem Schleimhäute und Kreislauf.

ALLGEMEINES

< Schock; Furcht; Leistungsansprüche; Bewegung; feuchtes, nebliges Wetter; vor Gewitter; Sonnenhitze
> Schwitzen; Urinieren; im Freien

INDIKATIONEN

- langsam einsetzendes Fieber
- Schwäche und Frösteln
- Fieber mit Lethargie
- Postvirales Syndrom
- schwere Augenlider
- herunterklappender Kiefer
- Furcht vor Donner
- Folgen von Schreck oder Schock
- Erwartungsangst
- motorische Lähmung
- Epilepsie
- unsicherer Gang
- keine Muskelkraft
- Ermüdung nach Anstrengung
- Glaukom, Netzhautablösung
- zuckende Gesichtsmuskeln
- Halsmuskellähmung
- Durstlosigkeit
- Hitzschlag
- Hypomagnesiämie
- Harnblasenlähmung
- Inkontinenz

GRAPHITES
SCHWERFÄLLIG
UND SCHEU
KUMMER, DEPRESSION
MANGEL AN SELBSTWERT-
GEFÜHL
Hunger!
FETTLEIBIG
FOTOPHOBIE
HAARAUSFALL
CHRONISCHE
ABSONDERUNGEN
Dicke, honigfarbene Absonderung
Schorfige, raue, juckende Haut

GEMÜT

Graphites-Pferde können schwer zu diagnostizieren sein, da sie wenige Informationen über ihren inneren Zustand geben. Sie machen einen sanften und schwerfälligen Eindruck und haben etwas Farbloses an sich. Oft sind sie scheu, vorsichtig und ängstlich. Wenn sie etwas Neues lernen sollen, kommen sie schnell durcheinander und scheinen sich sehr anstrengen zu müssen, um sich ein paar Tage später an die Lektion zu erinnern. Damit sie den Anweisungen vertrauensvoll folgen können, müssen Graphites-Tiere viel Lob bekommen. Dieser Mangel an Selbstvertrauen kann, zusammen mit altem Kummer, zu einer Depression führen, die sie völlig unbeteiligt werden lässt an allem, was in ihrer Umgebung passiert.

PATHOLOGIE

Graphites hat eine Affinität zu chronischen Absonderungen, Haut und Nägeln, Magengeschwüren, Ohren und Augen.

ALLGEMEINES

Neigung zu Frieren und Fettleibigkeit. Ausschläge mit charakteristischem Schorf. Schrunden und dicke, honigfarbene Absonderungen.

< kaltes Wetter; Feuchtigkeit; Überfressen; während der Brunst

> Wärme; frische Luft; Ruhe

INDIKATIONEN

- honigfarbene Sekrete
- Schrunden und Hautverdickungen
- Mauke
- Regenfäule
- Haarausfall
- Dermatitis
- Verwachsungen
- chronische Ohrinfektionen
- lose Hufwand
- chronische Laminitis
- Hypothyreose
- Konjunktivitis
- Fotophobie
- brüchige Hufe
- Analdrüsenentzündung
- Ekzem
- Mastitis
- Verstopfung
- Fettleibigkeit

HELLEBORUS

Reaktionsmangel
Geistige Dissoziation
AUSDRUCKSLOS

VERÄNGSTIGT

SCHWINDEL

Drehschwindel
Kopfschütteln

KOPFVERLETZUNG

GEMÜT

Helleborus muss für ein Tier einer der entsetzlichsten Zustände sein. Das Helleborus-Pferd scheint von der Welt abgeschnitten zu sein, als könne es weder sehen noch hören, obwohl seine Sinne unbeeinträchtigt sind. Es ist fast völlig geistesabwesend und ausdruckslos, zeigt keinerlei Reaktion oder reagiert nur äußerst langsam. Es presst seinen Kopf gegen Pflöcke und versucht, seine Augen unter Decken oder hinter Büschen zu verbergen. Dieses Tier macht einen verzweifelten und tief depressiven Eindruck. Im Gegensatz zu Opium erscheint das Helleborus-Pferd verängstigt über seinen Zustand und kann nahezu hysterisch werden, wenn es zu einer Reaktion gezwungen wird.

PATHOLOGIE

Helleborus hat eine Affinität zu ZNS, Verdauung und Nieren. Die geistige Dissoziation kann auch von einem vergangenen Trauma herrühren.

ALLGEMEINES

Kälteempfindlichkeit, Zuckungen, Schwanken und Konvulsionen.
< kühle Luft; Anstrengung; Bewegung; 16 – 20 Uhr
> warme Luft

INDIKATIONEN

- Epilepsie
- Meningitis
- Demenz
- Neurologische Symptome
- Kopfschütteln
- postanästhetische Zustände
- traumatische Geburt
- Fotophobie
- verängstigt
- Kopfpressen gegen feste Gegenstände
- Lähmung
- Blasenauftreibung
- Bauchödem
- Hirnschaden
- Depression
- Schwindel
- Reaktionsmangel
- geistige Dissoziation

HEPAR SULPHURIS

LEICHT GEKRÄNKT
ZORNIG UND REIZBAR

„RÜHR mich nicht an!"

Starke SCHMERZ-
EMPFINDLICHKEIT

ABSZESSE
EITERNDE WUNDEN
ENTZÜNDUNG

Schlimmer durch Kälte

Hals- & Ohrenschmerzen
Husten & Erkältungen

GEMÜT

Das Hepar-sulphuris-Tier erträgt Schmerz und Unwohlsein nicht leicht. Es ist äußerst schmerzempfindlich und zeigt unmissverständlich, dass es nicht berührt werden will. Wenn das nicht respektiert wird, kann es aggressiv bis gewalttätig reagieren. Es fühlt sich leicht angegriffen und kann äußerst reizbar und argwöhnisch sein. Man bekommt das Gefühl, dass es die Welt für einen feindlichen Ort hält und folglich den Menschen und Tieren in seiner Umgebung wenig Vertrauen entgegenbringt. Hepar sulphuris ist kein sonderlich unternehmungslustiges Tier. Wenn sein Bedürfnis nach Sicherheit und Geborgenheit nicht befriedigt wird, zieht es sich entweder zurück und wird depressiv, oder es wird zornig und ausfällig.

PATHOLOGIE

Beeinträchtigt Nervensystem, Atemwege, Drüsen und Haut. Hepar sulphuris kommt hauptsächlich als Akutmittel zum Einsatz.

ALLGEMEINES

Wunden und Hauterkrankungen, die sich infizieren und eitern.
< BERÜHRUNG; Zugluft; kaltes, trockenes Wetter; SCHMERZEN
> Wärme; feuchtes Wetter; will zugedeckt werden

INDIKATIONEN

- starke Schmerzempfindlichkeit
- erträgt keine Berührung
- Schleimhautentzündung
- infizierte septische Zustände
- eitrige Abszesse und Geschwüre
- Hautschrunden an den Beinen
- stinkende Haut
- schwitzt leicht
- Hornhautgeschwüre des Auges
- eitrige Iritis
- entzündete Augen und Lider
- eitrige Geschwüre in der Nase
- Konjunktivitis
- rasselnder, keuchender Husten
- Sinusitis
- Fußabszess
- Mauke
- Mastitis
- Pyometra
- Absonderung aus dem Uterus
- Septische Arthritis
- Zahnabszesse

HYOSCYAMUS

Aggressiv
Wütend
Eifersüchtig
Misstrauisch

Manisch und hysterisch

Macht alberne Gesten

STARKER SEXUALTRIEB
SCHAMLOS
OBSZÖN

EPILEPSIE
KONVULSIONEN

Krämpfe
Zuckungen

GEMÜT

Der Hyoscyamus-Hund ist, gelinde gesagt, ein anspruchsvoller Gefährte! Schlimmstenfalls ist er aggressiv, eifersüchtig und sieht die Welt mit einem angeborenen Misstrauen. Wenn man Druck auf ihn ausübt, sich zu fügen und eine Disziplin zu akzeptieren, kann man schnell die Kontrolle über ihn verlieren. Seine Augen werden oft leer und ausdruckslos, was über seinen Zustand höchster Erregung, Nervosität und Verwirrung hinwegtäuscht. Das kann sich in zerstörungslustigem Verhalten äußern und gelegentlich sogar in Selbstverstümmelung. Hyoscyamus muss unter Kontrolle gehalten werden und verhält sich oft ganz freundlich und lieb, wenn er glaubt, dass er damit seinen Willen durchsetzen kann. Er ist hoch erregbar und ruhelos und kann Anzeichen von Manie und Hysterie zeigen. Er ist äußerst ungern allein und hat Angst davor, leider sorgt jedoch seine unberechenbare Natur dafür, dass andere Hunde und Menschen den Kontakt mit ihm meiden.

PATHOLOGIE

Wirkt vorrangig auf das Nervensystem mit Beschwerden, wie Konvulsionen, manischen Zuständen, Epilepsie und Meningitis.

ALLGEMEINES

< Emotionen; Eifersucht; Berührung; Schreck; Kälte; nach dem Fressen; Liegen
> Bewegung; Wärme

INDIKATIONEN

- Hysterie und höchste Erregung
- unwillkürlicher Harnabgang
- extreme Ruhelosigkeit
- Kopfschütteln
- Pupillen erweitert und starr
- Epilepsie
- Konvulsionen
- manisches Verhalten
- starker Sexualtrieb
- Muskelzucken
- übermäßiges Kläffen
- Aggression
- Meningitis
- Stupor
- Harnblasenlähmung
- Schaum vor dem Maul
- nervöse Erregung
- Tollwut

HYPERICUM

Trauma, Schreck und Schock – nach einer Verwundung

STICHWUNDEN
WIRBELSÄULENVERLETZUNG
NERVENSCHÄDEN

Extrem starke Schmerzen, die an den Nerven entlang schießen

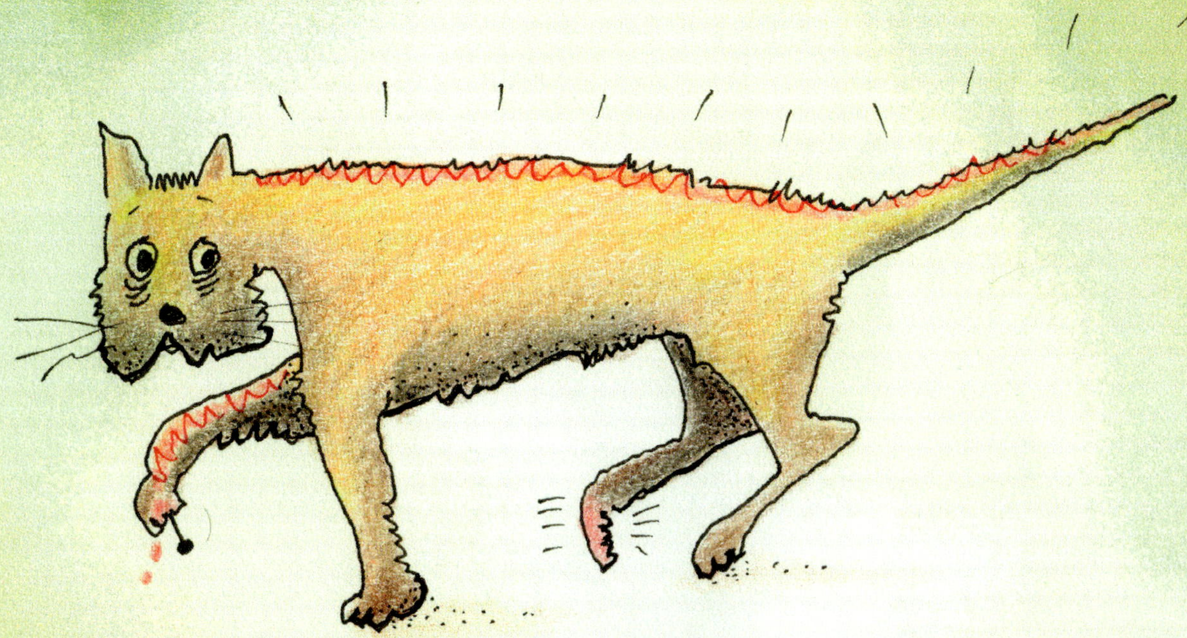

Hufe, Klauen, Schwanz und Zähne

GEMÜT

Ein Tier, das an Nerven-, Kopf- oder Wirbelsäulenverletzungen leidet, wird wahrscheinlich die Gemütssymptome von Hypericum zeigen. Es macht einen traumatisierten Eindruck, als stehe es unter Schock oder sei zu Tode erschrocken, häufig mit seltsam und verstörend starrenden Augen. Es erscheint verwirrt und desorientiert. Da die schießenden Schmerzen einer Nervenverletzung äußerst stark und oft unerträglich sein können, kann das Tier auch Angst und Verzweiflung zeigen. Das kann sich als Abstumpfung im Wechsel mit durchdringenden Schmerzensschreien äußern.

PATHOLOGIE

Hypericum hat eine starke Affinität zu Wirbelsäule, Kopf und Nervenenden. Es beeinträchtigt auch die Gelenke.

ALLGEMEINES

< aufziehendes Gewitter; Wetterwechsel; kalte Luft; Berührung; Schock; Erschütterung; Nervenverletzung

> Rückwärtsstrecken des Kopfes; Reiben; Stillliegen

INDIKATIONEN

- Wirbelsäulenverletzung
- Kopfverletzung
- Verletzung der Nervenenden
- extreme Schmerzen
- Krämpfe infolge einer Verletzung
- Muskelkrämpfe
- Rucken und Zucken
- Gehirnerschütterung
- Nervenlähmung
- heftige, schießende Schmerzen
- Konvulsionen
- Kopfschmerzen
- Schwindel
- chronische Steißbeinschmerzen
- Stichwunden
- Insektenbisse
- Risswunden
- Quetschungen an den Extremitäten
- Zahnschmerzen
- Lazeration der Hornhaut
- Lichtempfindlichkeit
- Gesichtsekzem
- Lähmung nach einer Geburt
- Asthma nach Wirbelsäulenverletzung
- Facialisneuralgie
- Kopfschütteln bei Pferden
- Phantomschmerzen der Gliedmaßen
- Verwirrtheit und starrer Blick

IGNATIA

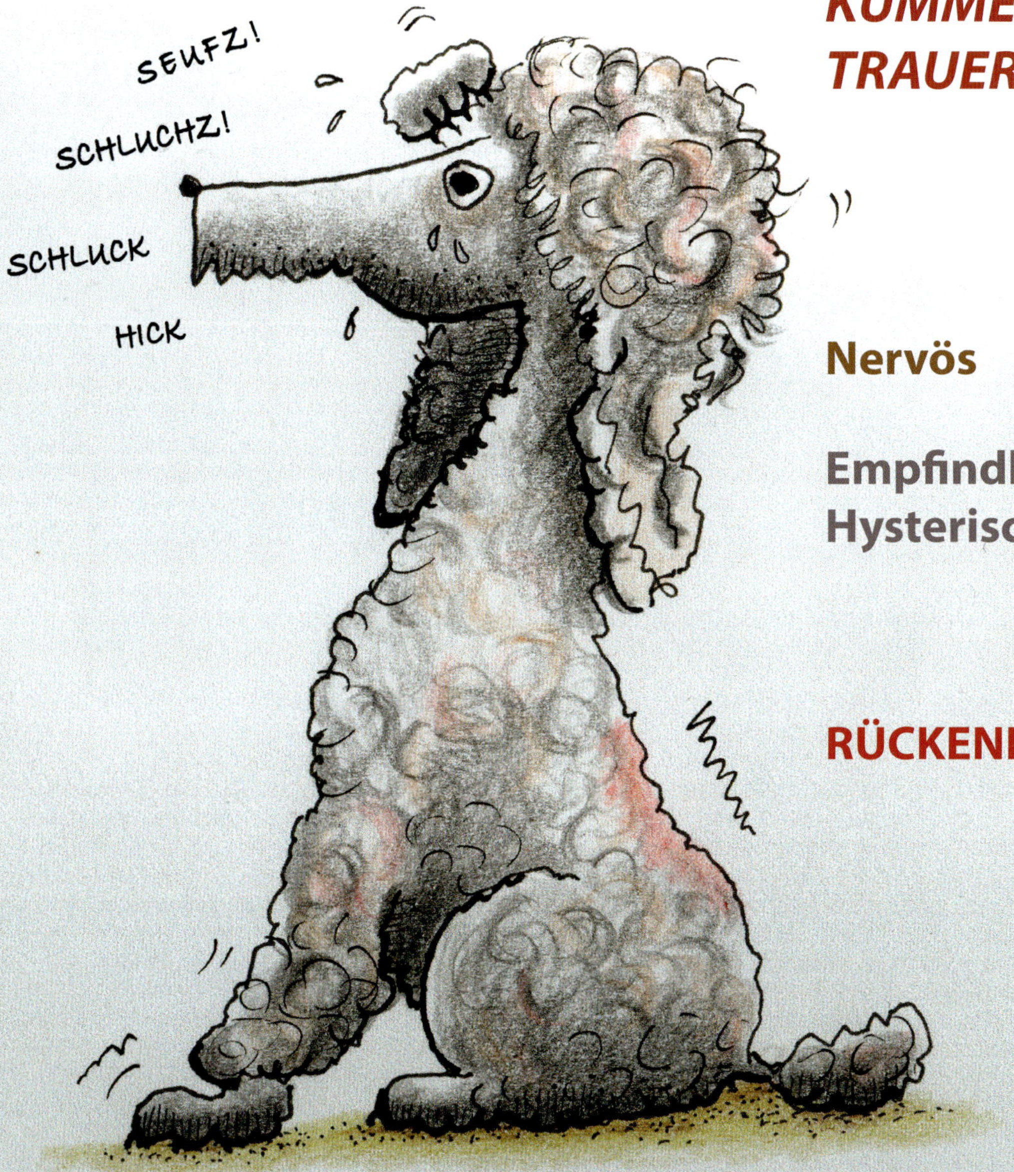

KUMMER
TRAUER

Nervös

Empfindlich
Hysterisch

RÜCKENKRÄMPFE

Rasche Stimmungsschwankungen

Verwirrt
Desorientiert

Enttäuschung

Krampfzustände

GEMÜT

Wenn der Ignatia-Hund Aufregung oder Kummer erlebt, neigt er zu übermächtiger Hysterie. Er ist sehr empfindlich und kann äußerst nervös werden mit raschen Stimmungswechseln. Im Handumdrehen kann er von einer leicht verrückten Fröhlichkeit zu Melancholie übergehen. Seine empfindliche Natur spiegelt sich in seiner äußerst hohen Geräusch- und Schmerzempfindlichkeit wider. Wenn er krank ist, ist er desorientiert und verwirrt. Er will allein sein, wenn er traurig ist oder Kummer hat. Ganz anders als Natrium muriaticum oder Phosphoricum acidum neigt Ignatia dazu, seinen Kummer durch viel Seufzen und zuweilen ein seltsames Würgen, als habe er einen Frosch im Hals, nach außen zu zeigen.

PATHOLOGIE

Ignatia greift Gemüt und Nervensystem an – oft heftig mit Krämpfen, Starre und Tremor. Die Symptome wechseln rasch; sie sind unstet und manchmal widersprüchlich.

ALLGEMEINES

< Geräusche; Kälte; Rauch; Wohnortwechsel; alle gefühlsintensiven Situationen
> Wärme; sanfte Bewegung

INDIKATIONEN

- gesteigerte Empfindlichkeit
- Hysterie
- Folgen von Kummer
- Folgen von Heimweh
- Stimmungsschwankungen
- Epilepsie seit einem Verlust
- üble Folgen von Abstillen oder Abort
- Selbstverstümmelung
- Tonsillitis
- Rückenkrämpfe
- Hautjucken
- Gliederzucken
- angespannt und reizbar
- Krampfhusten
- Schmerzen im Rektum
- Zystitis

LAC CANINUM

Braucht Bestätigung

Fühlt sich unterlegen

Glaubt, andere mögen ihn nicht

DER UNDERDOG

Schmerzen wechseln die Seiten

SCHEU – DUCKT SICH

UNSICHER

Sehr sensibel

Halsbeschwerden

Mastitis

GEMÜT

Dieses Tier braucht unbedingt Bestätigung und muss sich als „Familienmitglied" akzeptiert fühlen. Es macht den Eindruck, als sei es sich seiner Position sehr unsicher, und wird oft zum Opfer von Übergriffen und Drohungen anderer Tiere. Schon der geringste Hinweis auf Missbilligung, wie subtil er auch immer sein mag, ruft bei ihm eine Reaktion hervor, als sei es schwer gemaßregelt oder sogar geschlagen worden. Es ist, als erwarte es, beschuldigt zu werden, und es zeigt sofort „Reue" durch unterwürfiges Ducken und Zittern. Der Lac-caninum-Hund ist äußerst empfindlich und scheu und unfähig, für sich selbst einzustehen. Gelegentlich jedoch kann sein aufgestauter Zorn sich in wilder, beinahe rasender Hysterie Luft machen. Ein Mangel an mütterlicher Fürsorge und vergangene Misshandlungen können die Ursachen dafür sein, dass ein Hund dieses Mittel braucht.

PATHOLOGIE

Lac caninum hat eine Beziehung zu den weiblichen Sexualorganen, zum Nervensystem und zum inneren Hals.

ALLGEMEINES

< Bewegung; Berührung; kalter Wind; Einschüchterung; nachts
> Wärme; Ruhe; Bestätigung und Lob

INDIKATIONEN

- überempfindlich gegen Berührung
- überempfindliche Nerven
- Unsicherheit
- scheu
- Verlangen zu gefallen
- Tonsillitis – wechselnde Seiten
- Schluckschmerzen
- steifer Nacken, steife Zunge
- Symptome wechseln von links nach rechts
- Mastitis
- Scheinträchtigkeit
- sehr starker Milchfluss
- Nymphomanie
- zu frühe Läufigkeit
- zum Abstillen
- wandernde Gelenkschmerzen
- Schwäche von Rücken und Gliedmaßen
- übermäßiger Appetit
- ständiger Hunger
- knackende Kiefergeräusche
- Mangel an Selbstvertrauen
- Schmerzen schlimmer durch Erschütterung oder Berührung

LACHESIS

EIFERSÜCHTIG
HINTERHÄLTIG

Misstrauisch
Paranoid

HOCH EMOTIONAL

Drohverhalten

„Verfolgst du mich etwa?!"

Empfindlichkeit der Halsgegend

BLUTUNGEN
KREISLAUFSTÖRUNGEN
EIERSTOCKERKRANKUNGEN

PURPURFÄRBUNG

GEMÜT

Das Lachesis-Pferd kann sowohl für seine Koppelgefährten als auch seinen menschlichen Eigentümer eine Herausforderung sein. Wenn es ihm gut geht, ist Lachesis ausgelassen, ausdrucksstark, völlig von seiner Aufgabe eingenommen und einnehmend. Gerät es jedoch aus dem Gleichgewicht, kann es haarsträubend werden! Es tritt, beißt, droht oder zeigt zumindest allen in seinem Umfeld die beängstigendsten und grimmigsten Grimassen. Es ist von Natur aus äußerst misstrauisch und eifersüchtig, und es braucht nicht viel, um einen Wutausbruch oder einen aggressiven Anfall zu bekommen. Diese Seite von Lachesis verschlimmert sich sicherlich vor der Brunst, doch es trägt seine intensiven Gefühle immer nahe an der Oberfläche. Seine machtvolle und dynamische Persönlichkeit macht es oft zum Anführer, und die anderen Pferde halten verständlicherweise oft großen Abstand zu ihm.

PATHOLOGIE

Kreislaufstörungen. Blutungen. Innerer Hals. Eierstöcke. Empfindliche Nerven. Bösartige und septische Erkrankungen.

ALLGEMEINES

Heftiger, rascher Beginn, vorwiegend auf der linken Seite, mit Violett- oder Blaufärbung.
< beim Erwachen; Sommerhitze; Druck an Hals oder Taille; beim Eintritt der Brunst; unterdrückte Absonderungen, unterdrückter Zorn

INDIKATIONEN

- Septikämie
- Zellulitis
- Laryngitis
- Pyogenesmastitis
- Postpartale Blutung
- Eierstockzysten
- Hitzschlag
- Geschwüre, Abszesse
- Ovarialgie – linksseitig
- dunkle Blutungen
- Lymphangitis
- Ablehnung durch die Mutter
- Druse
- stutiges Verhalten
- Eifersucht, Misstrauen
- Abneigung gegen Berührung

LYCOPODIUM

Leistungsangst

Mangel an Selbstvertrauen

Sehr empfindlich

Furcht vor Fremden

Angst vor VERÄNDERUNGEN

GEMÜT

Das Lycopodium-Pferd ist herrschsüchtig, dominant, ein Prahlhans und Poser und bedroht die schwächeren Mitglieder seiner Herde. In Wirklichkeit aber fehlt es ihm an Selbstvertrauen, es ist ängstlich und feige und nähert sich unterwürfig, wenn ihm ein stärkeres Tier gegenübertritt. Aus diesen Gründen ist es normalerweise nicht der Anführer der Herde, verhält sich aber unwirsch gegenüber den in der Hackordnung unter ihm Stehenden. Auf Veränderungen in der Umgebung oder im Tagesablauf kann es ungeheuer ängstlich und furchtsam reagieren. Für dieses Pferd ist es wichtig, dass es Gesellschaft hat, und es geht oft eine enge Bindung mit einem anderen Pferd oder seinem Eigentümer ein. Das Lycopodium-Pferd leidet unter Leistungsangst. Es ist normalerweise sehr erfolgreich in allem, was es tut, trotzdem wird es diese innere Bangigkeit nicht los.

PATHOLOGIE

Lycopodium beeinflusst Leber, Verdauungssystem, Atemwege, Harnwege und Haut.

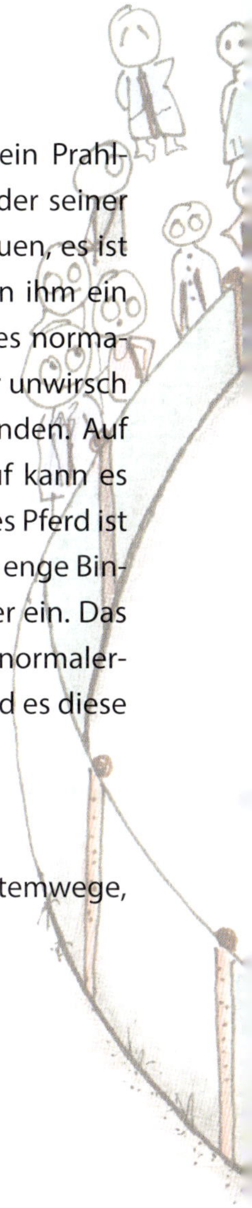

ATEMPROBLEME
Erkrankungen der Harnwege

LEBERSTÖRUNGEN

Spielt den Tapferen, obwohl es ihm an Selbstvertrauen mangelt

Dominant

HERRSCHSÜCHTIG

Aufgetriebener Bauch

Kolikneigung

Braucht nur wenig Futter

Abgemagert

LYCOPODIUM

ALLGEMEINES

Die Symptome sind meist rechtsseitig oder wandern von rechts nach links.

< Überanstrengung; 16 Uhr; Überhitzung; Sorgen

> Bewegung; warmes Futter oder Wasser; nach Mitternacht

INDIKATIONEN

- Mangel an Selbstvertrauen
- dominant, herrschsüchtig
- Leistungsangst
- chronische Verdauungsbeschwerden
- Kolik
- schnelles Sättigungsgefühl
- chronische Lebererkrankung
- Laminitis durch Überfütterung
- Aufblähung
- Durchfall oder Verstopfung
- Gastroenteritis
- Bronchitis, Lungenentzündung
- COPD
- Abmagerung
- Kopfschütteln
- Nierensteine
- Impotenz
- Equines Sarkoid, Warzen, Melanom
- Seborrhoische Dermatitis
- Haarausfall

MAGNESIUM CARBONICUM

NERVÖS UND SENSIBEL

Erschrickt von lauten Geräuschen

Milchunverträglichkeit

GEDEIHSTÖRUNG

Schwach, kränklich, mickrig

WAISEN

Krämpfe, Zittern
Konvulsionen

Saurer Geruch

GEMÜT

Magnesium-carbonicum-Tiere sind sehr sensibel und zeigen Anzeichen von Angst und Unbehagen, als werde gleich etwas Schlimmes passieren. Sie sind oft unruhig, nervös und erschrecken furchtbar bei lauten Geräuschen. Diese Tiere reagieren auf eine Disharmonie in ihrer Umgebung mit Rückzug oder Reizbarkeit bis hin zur Aggressivität. Unabhängig von ihrer Stressreaktion haben sie etwas Schwermütiges an sich. Tiere, die Magnesium carbonicum brauchen, sind häufig schwach und mickrig, was auf eine Gedeihstörung hinweist. Das Mittel kann bei verwaisten Jungtieren hilfreich sein, die sich so präsentieren. Gleichermaßen kann es bei ausgemergelten, zerrütteten Tieren mit diesen Symptomen angezeigt sein.

PATHOLOGIE

Magnesium carbonicum beeinflusst Magen, Darm und Nerven, vor allem im Kopfbereich.

ALLGEMEINES

< kaltes Wetter; kalter Wind; Temperaturschwankungen; Milch; Berührung; Geräusche; Ruhe
> Wärme; Bewegung; im Freien

INDIKATIONEN

- Gedeihstörung
- schwache, mickrige Jungtiere
- ausgemergelte, zerrüttete Tiere
- Milchunverträglichkeit
- nervös und sensibel
- Bauchkoliken
- Abmagerung, Unterernährung
- Durchfall – schaumig und grün
- saurer Geruch
- gastrointestinale Störungen
- Übersäuerung des Verdauungstraktes
- Schmerzen in den Gesichtsnerven
- Schmerzen in den hinteren Backenzähnen
- Krämpfe und Zittern
- Konvulsionen
- reizbar und aggressiv
- traurige Erscheinung
- geräuschempfindlich
- Unruhe
- verwaiste Jungtiere

NATRIUM MURIATICUM

Sondert sich von der Herde ab

„Lass mich in Ruhe!“

Zurückgezogen
Nachtragend

TIEFER KUMMER

durch einen ver-gangenen Verlust

Heuschnupfen & Allergien

Eiklarähnliche Absonderung

KOPFSCHMERZEN

Empfindlich gegen Sonne

BRAUCHT SALZ

Juckendes, fettiges Fell
Haarausfall

GEMÜT

Natrium-muriaticum-Tiere zeigen selten, wie es ihnen geht. Ihre Neigung, ihre Gefühle abzutrennen, schützt sie vor der Annäherung anderer und unterdrückt ihre Emotionen zum Schaden ihrer Gesundheit. Das Natrium-muriaticum-Pferd isoliert sich oft und kann ziemlich nachdrücklich klar machen, dass es in Ruhe gelassen werden will. Andererseits scheint es von Menschen, denen es vertraut, Aufmerksamkeit erhalten zu wollen – aber zu seinen eigenen Bedingungen. Der Verlust der Mutter, eines Fohlens, eines befreundeten Pferdes oder des vorherigen Eigentümers kann einen starken Einfluss auf dieses Pferd ausüben. Sein Kummer ist anhaltend und sitzt tief. Das geht Hand in Hand mit seiner Weigerung, vermeintliche Kränkungen zu vergessen oder zu vergeben – es ist ein Meister im Nachtragen. Das Natrium-muriaticum-Pferd zeigt selten viel Lebensfreude.

PATHOLOGIE

Ernährung, Gemüt, Herz, Haut, Atmung, Harnwege.

ALLGEMEINES

Starker Durst. Uriniert viel. Schneller Stoffwechsel (keine Gewichtszunahme trotz guter Ernährung). Absonderungen sind profus und wie Eiklar.

< Sonne; Hitze; Emotionen; Mitgefühl; enge Räume

> im Freien; Schwitzen; Druck; Ruhe

INDIKATIONEN

- chronischer Kummer
- Kopfschütteln
- Infektionen der Atemwege
- Postvirales Syndrom
- Konjunktivitis
- Verstopfung
- Unfruchtbarkeit
- chronisches Nierenversagen
- Abmagerung
- Hautschuppen
- Hecheln
- starker Durst
- rissige, wunde Lippen
- schlechte Hufqualität
- Ödeme
- Heuschnupfen, Allergien
- Abneigung gegen Sonne
- Kopfschmerzen
- Rückzug
- eiklarähnliche Absonderungen

NUX VOMICA

NERVÖS
ÜBEREMPFINDLICH
REIZBAR

„FASS mich nicht an!“

Erfolgloser Stuhldrang

SCHMERZEN

KOLIKEN – KRÄMPFE
GASTRITIS
GESCHWÜRE

VÖLLEREI – SCHLIMMER NACH DEM FRESSEN

Frostempfindlich

GEMÜT

Das Nux-vomica-Pferd ist extrem empfindlich gegen Geräusche, Schmerz, helles Licht und Berührung. Es neigt zur Reizbarkeit, ist leicht aufgebracht und kann gegenüber seinen Koppelgefährten ein aggressives Verhalten an den Tag legen, besonders wenn es Schmerzen hat. Dann weist es jede Zuwendung zurück und verteidigt seinen persönlichen Raum und das oft recht heftig. Obwohl es ein nervöser Typ ist, nimmt es seinen „Job" sehr ernst, und wenn es ein Rennpferd ist, ist es konzentriert, energiegeladen und entschlossen. Selbst wenn es schon müde ist, wird dieses Pferd immer bis an seine Grenzen gehen.

PATHOLOGIE

Am anfälligsten ist hier das Verdauungssystem. Das Nux-vomica-Pferd neigt zu Koliken, Magengeschwüren und Problemen durch Überfressen – besonders mit reichhaltigem Futter. Wenn Verdacht auf eine Vergiftung besteht, ist es das Hauptmittel zur Behandlung daraus folgender Leberbeschwerden. Auch die Därme machen Probleme – erfolgloser Stuhldrang, entweder mit Verstopfung oder Durchfall. Schmerzen im unteren Rücken und Stress durch Überarbeitung fallen in den Bereich dieses Arzneimittels.

ALLGEMEINES

< helles Licht; Geräusche; Berührung; Kälte; Erregung; Überreizung; reichhaltiges Futter

> Ruhe

INDIKATIONEN

- Kolik
- Durchfall durch Ernährungsumstellung
- akute Laminitis
- Vergiftung
- Narkoseentgiftung
- Schwäche der Hinterbeine
- Nervöser Reizmagen
- trockener Husten
- Magengeschwüre
- Mekoniumretention
- Darmstase
- Verstopfung mit schmerzhaftem Stuhlgang
- Schmerzen im unteren Rücken
- Krämpfe – Lendenmuskulatur
- übellaunig und reizbar
- Lebererkrankung

OPIUM

Isoliert in der eigenen Welt

Traumähnlicher Zustand
Euphorisch

Stupor
Koma

Schmerzlos

ODER

Hektisch
Heftig
Schlaflos

Erschrickt beim leisesten Geräusch

Plötzliche Wutausbrüche

BESCHWERDEN DURCH SCHRECK

Atonie

Narkolepsie
Konvulsion
Taumeln
Delirium

GEMÜT

Es gibt zwei unverwechselbar gegensätzliche Mittelbilder von Opium. In einem ist das Opium-Tier sehr hektisch, schlaflos und erschrickt beim leisesten Geräusch. Im anderen befindet es sich in einem koma-, stupor- oder traumähnlichen Zustand. Es zeigt keinerlei Reaktion auf physische oder psychische Traumata und scheint in seiner eigenen Welt eingeschlossen zu sein. Beim ersten Reaktionsmuster kann es extrem furchtsam sein und plötzliche Wut- und Aggressionsanfälle bekommen – eine normale Angstreaktion bei einem Tier. Diese Reaktion ist oft verwirrend, weil der Auslöser keine offensichtliche Verbindung zu den gegenwärtigen Ereignissen haben muss.

PATHOLOGIE

Neurologische Erkrankungen: Narkolepsie, Konvulsionen, Delirium usw. Darm- und Blasenatonie. Überschießende Schreckreaktionen.

ALLGEMEINES

Schmerzlosigkeit bei normalerweise schmerzhaften Erkrankungen.

< Hitze; SCHRECK; Erregung

INDIKATIONEN

- Narkolepsie
- Schlaganfall
- Konvulsionen
- Delirium
- Weidetetanie
- Hypomagnesiämie
- Blasenatonie
- Darmatonie
- Stupor und Koma
- extreme Lethargie
- Ataxie – Taumeln
- Gehirnerschütterung – Kopfverletzung
- schwer aufzuwecken
- Schlaflosigkeit
- Wehenhemmung
- Reaktionsmangel

PALLADIUM

HOCHMÜTIG - aber UNSICHER
BRAUCHT BESTÄTIGUNG
FÜHLT SICH IGNORIERT

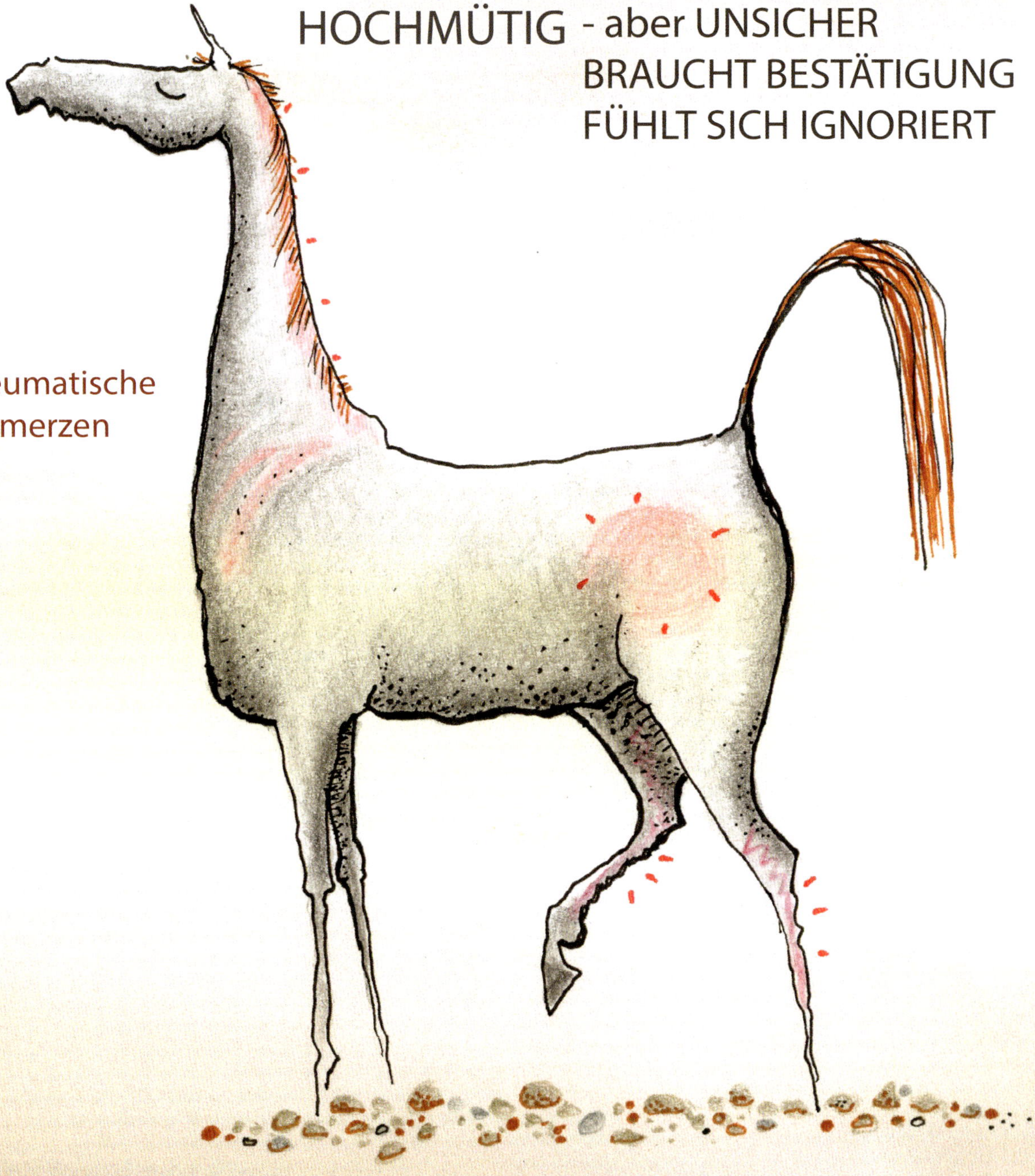

Rheumatische
Schmerzen

Neuralgien

**EIERSTOCK-
PROBLEME**

GEMÜT

Das Palladium-Pferd mag einen hochmütigen und etwas herablassenden Eindruck machen, die präzisere Beschreibung wäre jedoch: „Alles dreht sich um MICH." Es braucht dringend Lob und Bestätigung und ist bei deren Ausbleiben leicht gekränkt. Das Palladium-Fohlen verlangt ständige Aufmerksamkeit; es scheint zu bitten: „Bitte hab mich lieb, nimm mich wahr!" Palladium fühlt sich ignoriert, wenn es nicht die gesamte Aufmerksamkeit erhält, und kann dann sehr erregt und unsicher werden. Es äußert seine Emotionen unverhohlen. Um zu gefallen und Bestätigung zu erhalten – intelligent und brillant zu erscheinen – wendet es eine Menge Energie auf mit dem Ergebnis, dass es dann erschöpft von der Anstrengung ist.

PATHOLOGIE

Palladium beeinflusst Eierstöcke, Uterus und Gemüt. Es ist weitgehend ein weibliches Mittel.

ALLGEMEINES

< Emotionen; Druck auf die Eierstöcke; nach Vergesellschaftung; Anstrengung

> Berührung; Druck; nach dem Schlaf; gelobt werden

INDIKATIONEN

- Unsicherheit
- braucht Bestätigung
- fühlt sich ignoriert
- Eierstockentzündung
- Schmerz im rechten Eierstock
- Uterusprolaps
- Ovarialzysten
- Bauchschmerzen nach der Brunst
- Kolik – rechtsseitig
- unregelmäßiger Brunstzyklus
- Unfruchtbarkeit
- Ovarialtumoren
- Scheinträchtigkeit
- Beckenstörungen
- rheumatische Schmerzen – Schulter, Hüfte
- Neuralgie in den Beinen
- Nackenkrämpfe – rechtsseitig
- Schmerzen im Kopf

PHOSPHORUS

Will gefallen

IM MITTELPUNKT STEHEN

Spontan
Herzlich

Extravertiert
Offen – ohne Filter

Verlust der Bodenhaftung

ANGESPANNT UND NERVÖS

ERSCHRICKT LEICHT

FROSTEMPFINDLICH
GROSSER DURST

SEHR SENSIBEL
Viele Ängste

GEMÜT

Der Phosphorus-Hund ist extravertiert und steht gern im Mittelpunkt der Aufmerksamkeit. Er lebt aus dem Vollen mit einer Ausgelassenheit, mit der sein Besitzer oft schwer umgehen kann. Phosphorus verliert leicht die Bodenhaftung und reagiert auf äußere Einflüsse, als habe er keinen Filter oder keine persönlichen Grenzen. Er lässt sich mit Vorliebe pflegen und streicheln und liebt Gesellschaft über alles. Allein gelassen zu werden, kann für diesen Hund eine niederschmetternde Erfahrung sein. In scharfem Kontrast zum verspielten, geselligen und liebevollen Aspekt von Phosphorus steht der angespannte, nervöse, überreagierende Hund – leicht zu erschrecken, über die Maßen sensibel mit ganz vielen Ängsten. Laute Geräusche, Donner und Überflutung mit visuellen und akustischen Reizen lassen ihn Schutz suchen und können ihn in ein zitterndes Häufchen Elend verwandeln.

PATHOLOGIE

Der Haupteinflussbereich von Phosphorus sind Nerven, Knochen, Augen, Leber, Atemwege, Schleimhäute und Blut.

ALLGEMEINES

< plötzlicher Wetterwechsel; Gewitter; laute Geräusche; Wind, Kälte; emotionaler Stress; geistige Erschöpfung; Berührung
> im Freien; Reiben; Wärme; nach dem Fressen; Schlafen

INDIKATIONEN

- Extravertiert und lebhaft
- ausdrucksfreudig, spontan
- Mitleid mit Leidenden
- Furcht vor Alleinsein
- Furcht vor Gewittern, lauten Geräuschen
- blutet leicht und bekommt leicht Blutergüsse
- schnell dehydriert
- Wirbelsäulenverletzung – Nerven
- leichtes Erbrechen
- Muskelzittern
- Reizdarmsyndrom
- Leberentzündung
- Erkältungen legen sich sofort auf die Brust
- Bronchitis, Lungenentzündung
- trockener Husten
- destruktive Knochenerkrankung
- Knochenschwäche
- Lähmung
- Epilepsie, Konvulsionen
- Neuritis
- Mondblindheit
- chronischer Leberschaden

PLATINUM

ARROGANT
STOLZ
VERÄCHTLICH

SCHAUT AUF ANDERE HERAB

Übermäßige Libido
Eierstockzysten
Unregelmäßige Brunst

Unfreundlich, eifersüchtig, Impuls zu töten – einschließlich der eigenen Jungen

GEMÜT

Katzen als Tierart bezichtigt man der Arroganz, Unnahbarkeit und Gleichgültigkeit, doch die Platinum-Katze treibt diese Eigenschaften auf die Spitze. Sie scheint eine sehr hohe Meinung von sich selbst zu haben und neigt dazu, auf alle anderen herabzuschauen – einschließlich ihrer menschlichen Familie. Sie macht einen selbstbeherrschten, kalten, herablassenden und äußerst hochmütigen Eindruck, scheint aber auch viele Ängste zu haben, einschließlich der Angst vor dem Verlassenwerden durch ihre Familie. Platinum kann sehr eifersüchtig sein, besonders bei sexueller Rivalität, und das Weibchen versucht, das Männchen zu beherrschen. Es hat oft eine übermäßige Libido, kann aber auch Kater abweisen, so als könnten sie ihr nicht das Wasser reichen. Schlimmstenfalls erliegt es dem Impuls, anzugreifen und sogar zu töten – besonders seine eigenen Jungen.

PATHOLOGIE

Die beiden Hauptbereiche, die betroffen sind, sind das Gemüt und die weiblichen Fortpflanzungsorgane. Platinum hat auch einen Einfluss auf Kopf und Nervensystem.

ALLGEMEINES

< Berührung; Wärme; Stillstehen; abends
> Aufenthalt im Freien; Strecken

INDIKATIONEN

- Taubheit im Gesicht
- Kopfschmerzen
- arrogant und hochmütig
- Verachtung anderer
- Weibchen dominieren Männchen
- übermäßige Libido
- Scheinträchtigkeit
- Eierstockzysten
- Ablehnung der Jungen
- Ablehnung durch die Mutter
- unregelmäßiger Brunstzyklus
- ruhelose, zitternde Beine
- juckende Vulva
- taube Beine
- schmerzhafte Brunst
- Unfruchtbarkeit

PLUMBUM METALLICUM

Verlust einer hohen Position

APATHIE
DEPRESSION
TRÜBSINN

Langsame Reaktionen
Abneigung gegen Gesellschaft

SCHRITTWEISE DEGENERATION

ABMAGERUNG
SCHWÄCHE

LÄHMUNG
MUSKELSCHWUND
EPILEPSIE
ATAXIE

GEMÜT

Das Plumbum-Pferd macht den Eindruck, als sei es vom Leben ausgegrenzt, und zusammen mit seinem körperlichen Zustand verschlimmert sich auch seine Apathie. Es wird tief depressiv und melancholisch – es sondert sich von der Herde ab und scheint seine Umgebung immer weniger wahrzunehmen. Es reagiert langsam, und jede körperliche Anstrengung scheint es seelisch zu erschöpfen. Ein Pferd, das einst das Beste auf seinem Gebiet war, nur um dann ausrangiert zu werden, kann in einen Plumbum-Zustand verfallen. Es gibt noch ein anderes Bild von Plumbum, bei dem das Tier ein rasend hysterisches Verhalten zeigt: Es beißt, schlägt aus und zeigt ohne erkennbaren Anlass Angst und Schrecken.

PATHOLOGIE

Plumbum hat eine Affinität zu Wirbelsäule, Nervensystem, Muskulatur, Nieren, Blut und Blutgefäßen.

ALLGEMEINES

< Anstrengung; Emotionen; Gesellschaft; Erregung; nachts; im Freien

> Rückwärtsbeugen; fester Druck; Ruhe; Massage

INDIKATIONEN

- Wirbelsäulenverletzung mit Lähmung
- Konvulsionen -> Lähmung
- Epilepsie
- Ataxie
- Abmagerung und Schwäche
- Bleivergiftung
- langsame und progressive Symptome
- Neuritis
- Delirium
- Verlust der Nervenfunktion
- Muskelschwund
- verklemmte Blähungen
- Kehlkopflähmung
- Verstopfung
- Nierenerkrankung
- Muskelkrämpfe und -zuckungen
- Anämie
- Depression und Apathie

PSORINUM

JUCKREIZ

Kratzt, bis es wund ist

Schmutzig
Fauliger Geruch

Übel riechende
Absonderung

Haut heilt nicht
< HITZE

SEHR kälteempfindlich

KUMMER

ELEND

Geringe Lebenskraft
Schwach

Mangel an Lebensfreude

Räude
Abszesse
Ekzem

Chronische Ohrinfektionen
Chronische Nasenabsonderung

GEMÜT

Dem Psorinum-Hund mangelt es auffällig an Lebensfreude. Er macht einen niedergeschlagenen und elenden Eindruck, als leide er an irgendeinem Kummer. Psorinum ist eher schüchtern und ängstlich. Es ist meist ein gehorsamer Hund, denn er ist übermäßig bemüht, alles richtig zu machen. Sicherheit ist ihm sehr wichtig, und wenn er die bedroht glaubt, quält ihn das. Er hat wenig Lebenskraft und erscheint eher schwach. Ein eigentümlicher Aspekt von Psorinum ist, dass es ihm kurz vor einer akuten Erkrankung ausgesprochen gut zu gehen scheint. Manche Psorinum-Hunde haben auch die eigenartige Neigung, Spielzeug und Nahrung zu horten – eine Art Wagenburgmentalität.

PATHOLOGIE

Psorinum greift Haut, Verdauungstrakt und Atemwege an. Es zeigt große Schwäche und geringe Lebenskraft.

ALLGEMEINES

Psorinum ist ein SEHR kälteempfindliches Mittel.
< kaltes Wetter; Wetterwechsel; kalte Zugluft; Sonne
> Hitze; Ruhe; Wärme; Zudecken

INDIKATIONEN

- schmutzig aussehende Haut
- fettig oder trocken
- juckende Ausschläge
- Räude
- Tinea
- Ekzem im Ohrbereich
- Abszesse
- übel riechende Absonderungen
- Ausschläge in den Gelenkbeugen
- sehr kälteempfindlich
- trockenes, verfilztes Fell
- schwitzt leicht
- klebriges Ekzem am Kopf
- schlechte Nägel
- chronische Konjunktivitis
- klebriger Schleim im Hals
- trockener, harter Husten
- chronische Nasenabsonderung
- Kummer
- geringe Lebenskraft, Schwäche
- traurig und niedergeschlagen
- stinkender Durchfall

PULSATILLA

Sehr gefühlvoll

Gutartig

SANFT UND SCHEU
UNENTSCHLOSSEN

Braucht Zuneigung, Wirbel, Liebe und Gesellschaft

WECHSELHAFT – emotionale und physische Symptome

Milde, cremige Absonderungen
Bevorzugt frische Luft – schlimmer durch Hitze
Wenig Durst

GEMÜT

Das Pulsatilla-Pferd ist gewöhnlich ruhig, liebevoll, sanft und gutartig. Es hat ein starkes Bedürfnis nach Körperkontakt und braucht Aufmerksamkeit. Da es eher scheu ist, sucht es nach Bestätigung durch seinen Besitzer oder andere Pferde und ist in neuen Situationen reichlich nervös. Es bereitet ihm Schwierigkeiten zu entscheiden, ob es etwas unbesorgt ausprobieren kann. Das wechselhafte Wesen dieses Mittels sieht man auch im Pulsatilla-Pferd – es kann in einem Moment etwas reizbar oder eifersüchtig sein und im nächsten schon gefügig und anschmiegsam. Seine Sensibilität zeigt sich, wenn es harsch angesprochen wird – es ist emotional leicht verletzbar.

PATHOLOGIE

Pulsatilla ist weitgehend ein weibliches Mittel mit Problemen des Fortpflanzungsapparats: Absonderungen, Probleme in der Trächtigkeit und beim Abfohlen und Unregelmäßigkeiten im Brunstzyklus. Charakteristisch ist, dass alle Absonderungen – sei es aus der Nase, den Augen oder dem Uterus – dick, reichlich, cremegelb und mild sind. Das Verdauungssystem kann Beschwerden bereiten mit Blähungskoliken und wechselnder Futterverträglichkeit.

ALLGEMEINES

Kein Durst. Symptome wechseln oder wandern.
< Hitze (will aber im Freien sein); muffige, geschlossene Räume

INDIKATIONEN

- Konjunktivitis
- Sinusitis
- unregelmäßiger Brunstzyklus
- Pyometra
- Wehenträgheit
- wechselnde Lähmungen
- Rhinitis
- Atemwegsinfekte
- Plazentaretention
- Unfruchtbarkeit bei Stuten
- Zystitis
- sehnsüchtig und anhänglich

SANGUINARIA

REIZBAR

AGGRESSIV

NEURALGISCHE KOPFSCHMERZEN

Rechtsseitiges Mittel
Kälteempfindlich –
schlimmer durch Kälte
und Feuchtigkeit

RHINITIS
ALLERGIEN
HUSTEN
ASTHMA

GEMÜT

Das Sanguinaria-Tier ist depressiv und mürrisch und reagiert reizbar auf Erschütterungen oder Geräusche aller Art. Schon das Geräusch und die Vibrationen des sich nähernden Besitzers oder eines anderen Tieres können seinen Zustand verschlimmern und eine bissige, schlecht gelaunte Reaktion hervorrufen. Das ist nicht weiter überraschend, besonders bei Tieren mit neuralgischen Kopfschmerzen. Beim Menschen wird die Gesichtsneuralgie auch als „Selbstmordstörung" bezeichnet – so tief ist die Verzweiflung bei jenen, die an dieser kräftezehrenden Beschwerde leiden. Das Tier kann in einen Zustand der Trägheit, Benommenheit und physischen Katalepsie verfallen, während es seine Umgebung weiterhin deutlich wahrnimmt. Umgekehrt kann es übermäßig reizbar sein und Anzeichen von Furcht und Ängstlichkeit zeigen.

PATHOLOGIE

Bewirkt vasomotorische Störungen und Allergien und wirkt auf die Schleimhäute.

ALLGEMEINES

Ausgeprägt rechtsseitiges Mittel.

< Erschütterungen; Geräusche; Berührung; feuchtes Wetter; Auskühlung

> kühle Luft; Liegen auf der rechten Seite; Schlaf

INDIKATIONEN

- rechtsseitige Migräne
- Schmerzen im rechten Auge
- Sinusitis mit brennender Hitze
- Heuschnupfen
- häufiges Niesen
- trockene Schleimhäute
- Facialisneuralgie
- chronische Rhinitis
- Maul- und Halsgeschwüre
- Atemprobleme
- Asthma
- trockener Krampfhusten
- Polypen in Nase und Ohren
- Bursitis der Schulter – rechts
- Schmerzen in der rechten Schulter
- Gastroenteritis
- Verdauungsschwäche
- heiße Füße – nachts
- schlimmer durch Erschütterungen
- schwere COPD
- Lungenentzündung
- kälteempfindlich

ANDROCTONUS - SKORPION

DRANG, ANDERE ZU VERLETZEN
GEWALTTÄTIG

MANGEL AN MORALISCHEM
EMPFINDEN
Mitleidlos

GRAUSAM

Paranoid
Unnahbar
Misstrauisch

ISOLIERT UND DISTANZIERT

GEMÜT

Ein Skorpion-Haustier ist eine beängstigende Vorstellung! Es hat ein starkes Verlangen, zu verletzen, zu quälen und zu töten, und geht mit kalter Gefühllosigkeit an dieses Vorhaben heran. Neben seiner unbeirrbaren, gewalttätigen Natur ist es misstrauisch und paranoid. Da es sich isoliert und keine Gesellschaft wünscht, ist es extrem schwierig, irgendeine Beziehung zu diesem Tier herzustellen. Es verhält sich gleichgültig gegenüber seiner Umgebung, Freundschaftsangeboten und scheinbar allem, was angenehm ist. Es ist das Nonplusultra der Selbstzentriertheit – außer seinem Tunnelblick auf die Welt ist nichts von Bedeutung für dieses Tier. Der Skorpion scheint keine Furcht zu kennen. Er ist ein unbesiegbarer Überlebenskünstler. Andere Tiere haben verständlicherweise Angst vor ihm. Es ist möglich, dass er wiederholt physische Gewalt erfahren hat, was seine äußerste Distanziertheit, seinen gefühllosen Seelenzustand und das damit einhergehende Verhalten erklären könnte.

PATHOLOGIE

Androctonus hat eine Affinität zu Gemüt, Nieren, Harnblase, Sexualorganen und Haut.

ALLGEMEINES

Mangel an Lebenswärme.
< Kälte; 18 - 21 Uhr
> frische Luft; Liegen; warme Anwendungen

INDIKATIONEN

- Kopfschmerzen – linksseitig
- Trübsichtigkeit
- Niesen in kalter Luft
- schorfige Ausschläge im Gesicht
- Zahnschmerzen und Zähneknirschen
- Heißhunger nachts
- misstrauisch und paranoid
- deformierte Nägel
- Absonderung aus der Harnröhre – grün, dick
- stark entwickelter Sexualtrieb
- trockene, schmerzhafte Schrunden an den Füßen
- Verlangen zu verletzen, zu töten
- isoliert und distanziert
- will allein sein

SEPIA

NACHTRAGEND

Träge
Erschöpft
Apathisch

Agressiv
Reizbar

HORMONELL BEDINGTE BESCHWERDEN

Schmerzhafte Brunst
Unregelmäßige Brunst
Zysten und Myome

Ablehnung der Jungen

FEHLGEBURTEN

GLEICHGÜLTIG
FEINDSELIG

ATONIE
Schlaff
Aufgetrieben

GEMÜT

Das junge, gesunde Sepia-Pferd ist energisch, klug, wachsam und hat einen starken Willen – ein ganz anderes als das altbekannte Sepiabild. Erst durch solche Einflüsse, wie Überarbeitung, Überzüchtung und möglicherweise auch Vernachlässigung kann Sepia in Erschöpfung, Apathie und Depression versinken. Sie kann gleichgültig, ja sogar feindselig erscheinen und neigt zur Ablehnung ihrer Fohlen oder verhält sich ihnen gegenüber zumindest aggressiv und reizbar. Gemüt und Körper von Sepia befinden sich in einem Zustand der Atonie – träge und schlaff. Sie zieht es vor, sich von der Herde abzusondern und nimmt es übel, wenn sie von Menschen oder anderen Pferden belästigt wird. Am aggressivsten und reizbarsten ist sie, wenn sie in die Brunst kommt.

PATHOLOGIE

Sepia wirkt hauptsächlich auf Pfortadersystem, Verdauungssystem, Beckenorgane, Hormone und Haut.

ALLGEMEINES

< vor der Brunst; feuchtes Wetter; kalte Luft; Donner

> Bewegung; Wärme; nach dem Ruhen; Fressen; geistige Anregung

INDIKATIONEN

- apathisch und erschöpft
- Ablehnung des Fohlens
- gleichgültig und feindselig
- unregelmäßige Brunst
- Zysten und Myome
- Endometritis
- Plazentaretention
- Uterusprolaps
- Spontanabort
- Abweisung der Hengste
- Unfruchtbarkeit und Impotenz
- Ablehnung von Gurten und Decken
- Scheinträchtigkeit
- Dermatitis
- Haarausfall
- Tinea
- trockenes, juckendes Ekzem
- wunde, schrundige Ausschläge
- Leukodermie
- Warzen
- Hyperkeratose
- Leberschmerzen
- chronische Verstopfung
- Analprolaps
- Hypothyreose
- steifer Rücken, Hüften und Gelenke

SILICEA

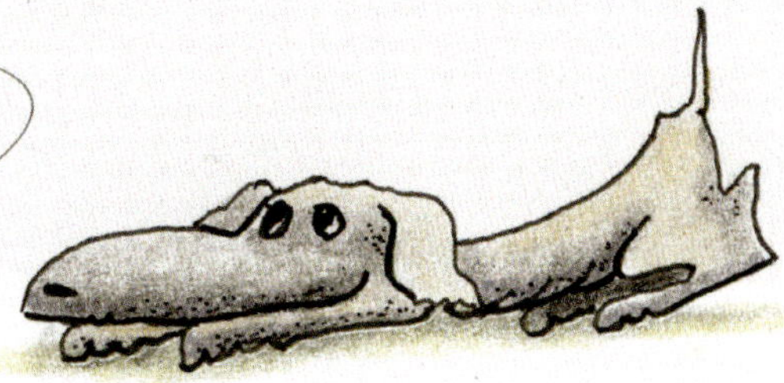

Ängstlich – Mangel an Selbstvertrauen – scheu

Kleinster und Schwächster im Wurf

MANGEL AN AUSDAUER

NACHGIEBIG

KÄLTEEMPFINDLICH

Konfliktvermeidung
Kann hartnäckig sein

Abmagerung
Schwacher Mineralstoffwechsel

GEDEIHSTÖRUNG

GEMÜT

Der Silicea-Welpe ist oft der kleinste und schwächste des Wurfs. Er hat keine Kondition, und das, zusammen mit seiner Scheu und seinem Mangel an Selbstvertrauen, lässt ihn sich im Hintergrund halten und einen zögerlichen und etwas ängstlichen Eindruck machen. Da es Silicea äußerst schwer fällt, für sich selbst einzustehen, neigt er dazu, dem Druck der anderen Hunde nachzugeben. Konflikten geht er um jeden Preis aus dem Weg; es würde ihm nicht einmal im Traum einfallen, einen Kampf oder Zwietracht anzuzetteln. Dennoch hat seine Persönlichkeit einen Anflug von Eigensinn. Er ist feinfühlig und sanft und sehr empfindlich gegen laute Geräusche und barsche Stimmen. Er möchte unbedingt alles richtig machen und kann sich bei Missbilligung niedergeschlagen und apathisch zurückziehen.

PATHOLOGIE

Silicea wirkt auf Mineralstoffwechsel, Bindegewebe, Nerven, Drüsen, Haut und Schleimhäute. Hilfreich bei Erkrankungen, die langsam heilen oder sich der Heilung widersetzen. Chronische Eiterungen.

ALLGEMEINES

< kaltes Wetter; feuchtkalte Luft; nervliche Erregung; Geräusche; Druck

> Wärme; Zudecken; Ruhe; im Sommer

INDIKATIONEN

- Gedeihstörung
- Assimilationsschwäche
- Abmagerung
- Mangel an Ausdauer
- kälteempfindlich
- Sehnen- und Bänderverletzungen
- schwache Hufe
- langsam heilende Wunden
- chronische Eiterung
- Auflösung von Narbengewebe
- Austreibung von Fremdkörpern
- Osteomyelitis
- Osteoporose
- infizierte Wunden
- nie mehr gesund seit einer Impfung
- Ohrinfektionen
- vergrößerte Lymphknoten
- Sinusitis
- chronische Augengeschwüre
- blockierte Tränenwege
- Überbeine beim Pferd
- White Line Disease
- lose Hufwand bei Pferden
- harte, knotige Drüsen
- chronische Erkältungen
- postvirales Syndrom

STAPHISAGRIA

FRÜHERE MISSHANDLUNGEN
MANGEL AN VERTRAUEN
– unnahbar

Emotional verletzt

Sanft, gefügig,
doch mit unterschwelliger Wut

WUNDEN
CHIRURGISCHE EINGRIFFE

KANN AGGRESSIV SEIN

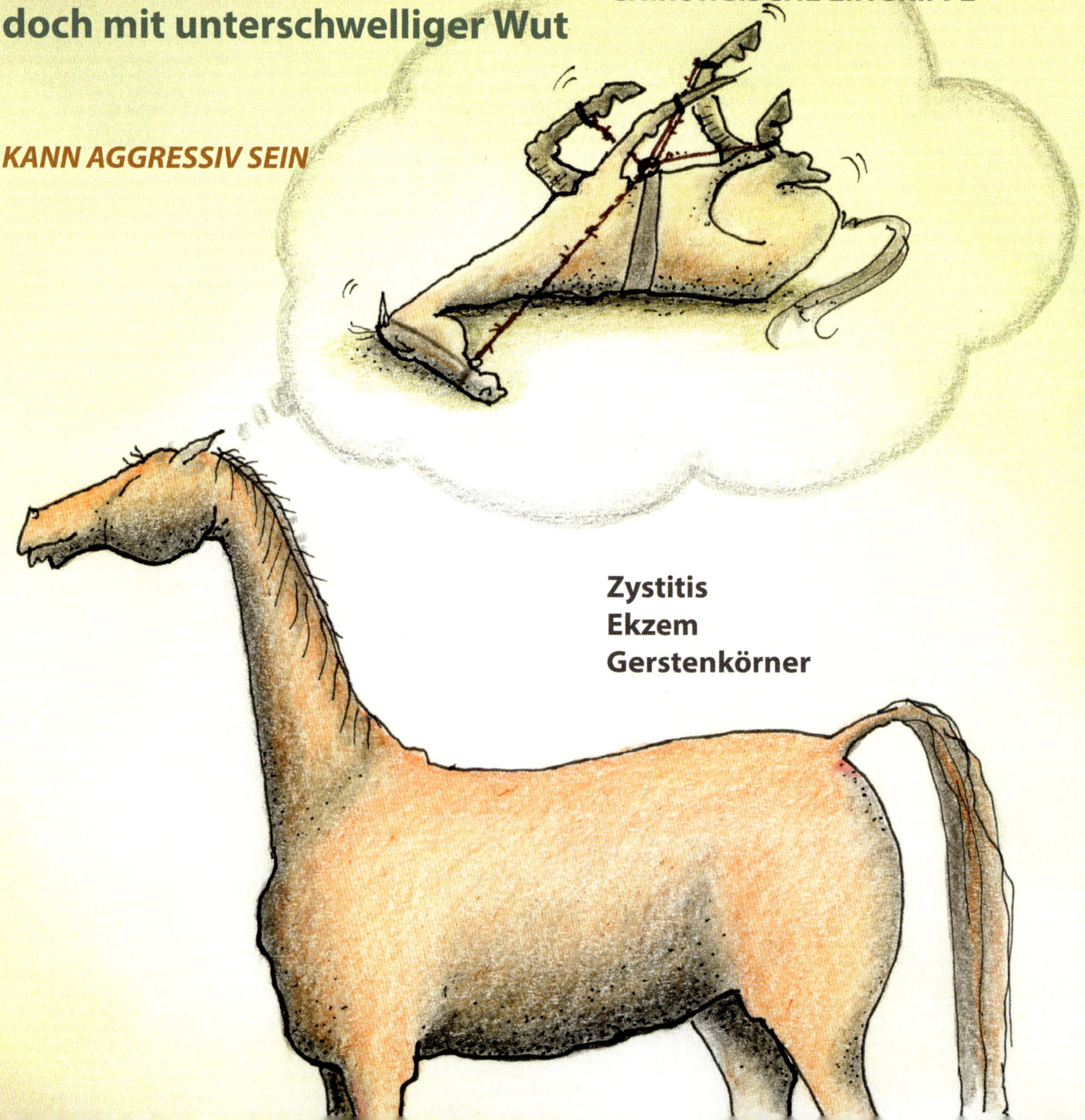

Zystitis
Ekzem
Gerstenkörner

GEMÜT

Es ist eine traurige Realität, dass viele Tiere, insbesondere Pferde, oft Staphisagria als Arzneimittel brauchen – nämlich infolge vergangener Misshandlungen. Das Staphisagria-Pferd hat sich entweder still in sein Schicksal ergeben oder neigt zu heftigen Zornesausbrüchen. Es ist äußerst sensibel und kann reizbar und aggressiv sein mit innerlichem Groll. Staphisagria will gefallen und fühlt sich von der geringsten Strenge schon verletzt oder beleidigt. Zusätzlich kann es sehr zurückgezogen und niedergeschlagen sein, doch unter der Oberfläche steckt oft eine Wut, die plötzlich ausbrechen kann.

PATHOLOGIE

Wirkt auf Harnorgane, Zähne, Haut, Augen und Sexualorgane und ist ein wichtiges Mittel bei Nervenleiden und vergangenen Misshandlungen.

ALLGEMEINES

< Kummer; Zorn; Trinken kalten Wassers; sexuelle Ausschweifungen; Berührung; in der Neumondphase
> Wärme; Ruhe; morgens nach dem Fressen

INDIKATIONEN

- äußerst sensibel
- unterdrückter Zorn
- Kummer
- Zystitis
- Verletzungen der Cornea
- Gerstenkörner
- heftige Ausbrüche
- Nymphomanie oder Aversion
- Schnitte, Risse, chirurgische Eingriffe
- Augenverletzungen
- Equines Sarkoid, Warzen – trockene Konsistenz
- Mauke, Ekzem
- dicke Krusten – Kopf, Ohren, Körper
- Räude
- Insektenbisse
- postoperative Koliken
- Kolik durch Zorn und Frustration
- Gingivitis und Periodontitis
- Zahnverfall
- Schmerzen nach Zahnextraktion
- Arthritis
- nach Blasenoperation

STRAMONIUM

PANIKZUSTAND

**Wahnidee,
verfolgt zu werden**

**Scheu und furchtsam
oder
Wut und Gewalt**

Akute Furcht

Schock, Schreck

**Erweiterte Pupillen
Taumelnder Gang**

***Weidetetanie
Hypomagnesiämie
Konvulsionen***

GEMÜT

Stramonium ist ein besonders wichtiges Mittel für Pferde. Die extreme Angst, allein im Dunkeln zu sein, die Furcht, angegriffen und verletzt zu werden, und das Gefühl, bedroht und verfolgt zu werden, sind alles Eigenschaften eines Beutetiers. Das Stramonium-Pferd empfindet äußersten Schrecken. Es benimmt sich, als sähe es Gespenster oder Geister und steigert sich bis ins Delirium hinein. Es hat einen überwältigenden Drang zu fliehen, und sein Verhalten kann dabei Besorgnis erregend sein: wild, hysterisch und unkontrollierbar. In diesem Zustand ist es gefährlich, weil es seinen Besitzer nicht mehr erkennt und seine Panik jede Rücksicht auf die Sicherheit anderer verdrängt. Es ist möglich, dass das Stramonium-Pferd als Fohlen Gewalt und Misshandlungen erleben musste.

PATHOLOGIE

Stramonium beeinflusst Gemüt und Nervensystem. Mögliche Ursachen sind vergangene Gewalterfahrungen und unterdrückter Zorn.

ALLGEMEINES

< im Dunkeln; allein; Berührung; Bewegung; Kälte; Sonne; helle Gegenstände; Trinken kalten Wassers

> Gesellschaft; Licht; Tageslicht; Wärme

INDIKATIONEN

- Schrecken
- Furcht, verfolgt zu werden
- Furcht vor Dunkelheit
- Furcht vor Alleinsein
- Fluchtdrang
- Gewalt
- scheu
- Furcht vor Wasser
- taumelnder Gang
- Weidetetanie
- erweiterte Pupillen
- starrender Blick
- leicht zu verängstigen
- starkes Kopfschütteln
- Hypomagnesiämie
- Epilepsie und Konvulsionen
- Krämpfe, Zuckungen, Tremor
- Folgen vergangener Traumata
- Kopfverletzungen
- Meningitis
- Strabismus
- plötzliche Stimmungswechsel
- stark gerötete Hautfrieseln
- hohe Schmerzschwelle

SULPHUR

EGOZENTRISCH
HOCHINTELLIGENT

FAUL
MANGEL AN AUSDAUER

EINGESCHNAPPT
VERDRIESSLICH

GROSSES HAUTMITTEL

Schlimmer durch Hitze

Lässt sich ungern waschen

GEMÜT

Während das Sulphur-Tier gewöhnlich hochintelligent ist, zeigt es sich oft faul und ohne jede Ausdauer. Es tut widerwillig, was man von ihm verlangt, aber auch nicht mehr. Im gesunden Zustand lernt das Sulphur-Pferd schnell, ist neugierig und extravertiert. Es hat ein sehr hohes Selbstwertgefühl und ist mit seinem dominanten Charakter und seinem Gefühl für die eigene Wichtigkeit meist das Leittier in der Herde. Sulphur kann aufbrausend und reizbar sein, und wenn man es zwingt, mehr zu tun als üblich, ist es rasch eingeschnappt.

PATHOLOGIE

Die Hauptwirkungssphäre von Sulphur ist die Haut mit einer großen Bandbreite an Symptomen, wie Schuppen, Krusten, wunde Stellen, starker Juckreiz, unangenehmer Geruch und ein trockenes, ungesundes Erscheinungsbild. Sulphur greift auch Verdauungssystem und Kreislauf an und ist angezeigt bei Beschwerden im Bereich von Kopf, Schleimhäuten, Muskulatur und Skelett.

ALLGEMEINES

< Hitze; Sonne; Wasser (besonders beim Waschen); feuchte Kälte; 11 Uhr; Ruhe

> trockenes Wetter mit mittleren Temperaturen; Bewegung

INDIKATIONEN

- Hauterkrankungen
- fettige Haut
- Hautschuppen
- bakterielle Hautinfektionen
- Räude
- Strahlfäule
- schmutziges, trockenes Fell
- Mauke
- rote Schleimhäute
- Gastritis
- Herpes genitalis
- Kopfschütteln – Kopfschmerzen
- Rheuma
- Arthritis
- chronischer Durchfall
- Magengeschwüre
- übel riechendes Fell
- Hitzeunverträglichkeit
- gefräßig
- Durst

TARENTULA

Synapsen spielen verrückt

Hysterisch

Zerstörerisch

HYPERAKTIV

Hypersexualität

Extreme Ruhelosigkeit

Zuckungen
Chorea
Neuralgien

Schlimmer durch Berührung und Geräusche

NERVENSYSTEM außer Kontrolle

GEMÜT

Extreme Hyperaktivität und eine starke nervöse Spannung kennzeichnen das Tarentula-Tier. Der Tarentula-Hund ist wie eine aufgezogene Sprungfeder – er kann den Überschuss an Energie nicht ableiten, wie erschöpft er auch immer durch seinen hysterischen Zustand sein mag. Es ist, als seien seine Synapsen völlig außer Kontrolle geraten. Seine Besitzer werden spätestens dann Hilfe suchen, wenn die Anspannung des Hundes manische Ausmaße zu erreichen beginnt, was sich in zerstörerischem Verhalten, starker Ruhelosigkeit und sexueller Besessenheit äußert. Der Hund reagiert überempfindlich auf Geräusche und erträgt es nicht, berührt zu werden. Seine Bewegungen und Reaktionen sind unwahrscheinlich schnell, und er nimmt dabei die Energie der ihn umgebenden Lebewesen auf, was seinen überreizten Zustand noch verschlimmert.

PATHOLOGIE

Tarentula hat eine starke Affinität zu Nervensystem, Genitalien und Herz, wo es heftige, krampfende Schmerzen, Zuckungen, Chorea und Neuralgien hervorruft. Es beeinträchtigt auch Wirbelsäule, Extremitäten und Haut.

ALLGEMEINES

< Geräusche; Berührung; Kälte; nachts; Ruhe
> Reiben; fester Druck
Verlangen nach kaltem Wasser

INDIKATIONEN

- Überempfindlichkeit
- wie eine aufgezogene Sprungfeder
- sexuelle Erregung
- zerstörerisch
- extreme Erregung
- Furcht, eingeschlossen zu werden
- brennende Magengeschwüre, Tumoren
- Tumoren an Eierstöcken bzw. Hoden
- Angina pectoris, Herzklopfen
- ruhelose Gliedmaßen
- Zuckungen, Chorea
- Taubheit, Kribbeln
- Lähmung
- Epilepsie
- Neuralgie: Gesicht, Kopf, Mund
- steifer Hals und Wirbelsäule
- Furunkel und Abszesse
- violette Haut, Brennen

THERIDION

SEEKRANKHEIT

Überempfindlich gegen GERÄUSCHE

SCHLAFLOSIGKEIT trotz Erschöpfung

SCHWINDEL

Übelkeit
Kopfschmerzen
Sehstörungen

Panikattacken

Empfindliche Wirbelsäule

KALT

Sehr geschäftig und ruhelos

MAGER bei gutem Appetit

GEMÜT

Theridion-Tiere sind hoch empfindlich, besonders gegen GERÄUSCHE. Sie präsentieren sich oft extrem nervös und neigen zu Panikattacken. Theridion-Tiere sind außergewöhnlich unruhig und ständig aktiv. Ihre Handlungen scheinen wenig Sinn zu ergeben, sie müssen einfach nur beschäftigt sein. Im besonders empfindlichen, ängstlichen Zustand sind sie sehr geschwätzig und noch unruhiger als üblich. Sie neigen zu schweren Schwindelanfällen und können dabei sogar erbrechen. Sie scheinen, seelisch und nervlich ständig überreizt und hoch erregt zu sein.

PATHOLOGIE

Am stärksten ist das Nervensystem betroffen mit Überempfindlichkeit, Ängstlichkeit und Ruhelosigkeit. Theridion ist angezeigt bei Schwindel, Kopfschmerzen, Sehstörungen, empfindlicher Wirbelsäule, Schlaflosigkeit und Knochenerkrankungen.

ALLGEMEINES

< Geräusche; Berührung; Schließen der Augen; Kälte; Bewegung; nachts

> Wärme; Theridion-Tiere sind kalt und meistens mager, trotz guten Appetits

INDIKATIONEN

- extreme Ängstlichkeit
- Geräuschempfindlichkeit
- Probleme beim Reisen im Pferdetransporter
- Kopfschmerzen
- Schwindel
- Ruhelosigkeit
- Knochenerkrankungen
- empfindliche Wirbelsäule
- KALT
- mager bei gutem Appetit
- Panikattacken
- Sonnenstich

THUJA

Verbirgt seinen Zorn
SELBSTAUSGRENZUNG

Mangel an Selbstvertrauen
Verlust der Lebensfreude

INTROVERTIERT

Verborgene Gefühle

RESERVIERT
und MISSTRAUISCH

DEPRESSION

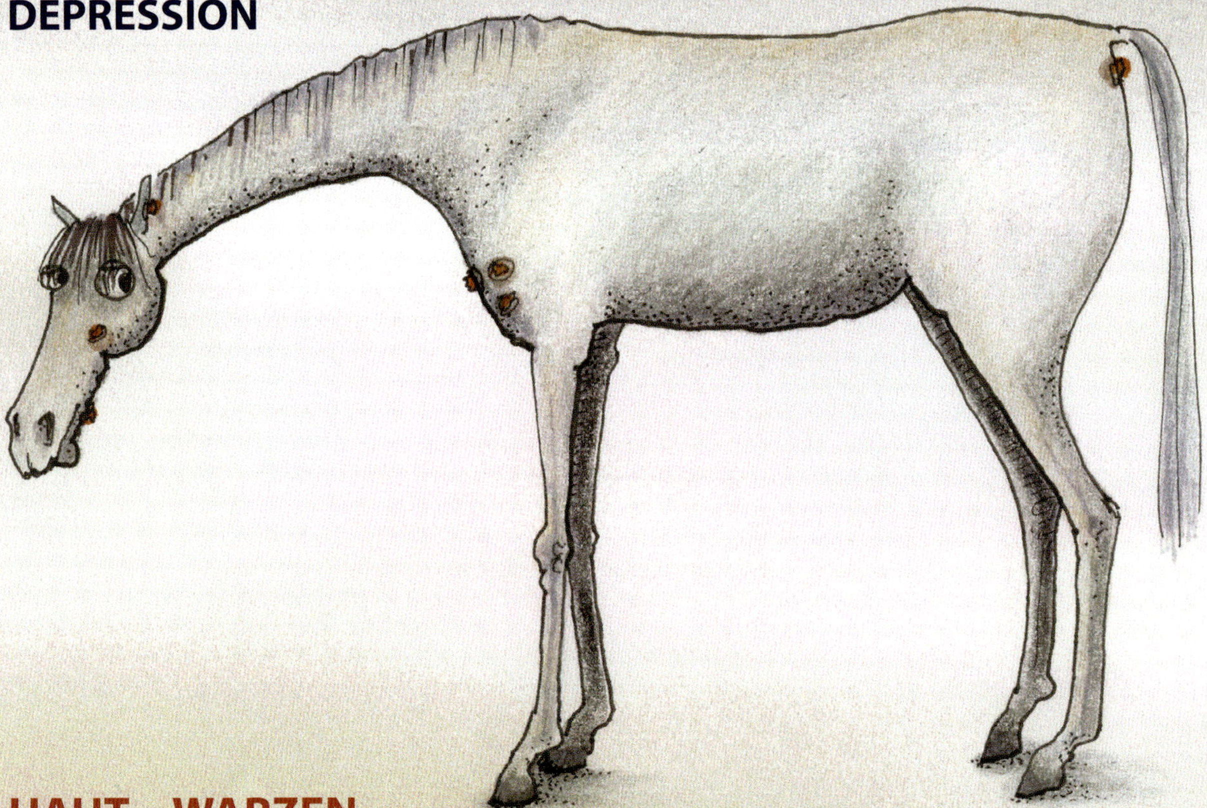

HAUT – WARZEN
UND TUMOREN

UROGENITALTRAKT

ASTHMA

GEMÜT

Thuja-Tiere sind schwer zu erkennen. Thuja ist ein verschlossenes Mittel, und es ist nicht einfach, sich von einem Tier, das dieses Mittel braucht, ein richtiges und deutliches Bild zu machen. Thuja-Pferde neigen dazu, sich „akzeptabel" zu benehmen. Wenn sie sich ärgern, neigen sie eher zu Niedergeschlagenheit, anstatt ihren Schmerz zu zeigen. Sie können einen ähnlichen Eindruck machen wie Natrium muriaticum: introvertiert, sich abseits haltend, traurig, apathisch und ohne rechte Freude an der Arbeit oder der Umgebung. Sie erscheinen oft scheu und sind emotional sehr sensibel. Thuja-Tiere passen sich nicht gut an Veränderungen an und reagieren auf Bezeugungen von Zuneigung oft ein wenig verwirrt.

PATHOLOGIE

Wirkt hauptsächlich auf die Schleimhäute des Urogenitaltrakts, HAUT, Nerven, Drüsen und Darm. Große Erschöpfung und häufig Abmagerung. War seit einer Impfung nie mehr gesund. Sykotisches Mittel.

ALLGEMEINES

< nachts; feuchtkalte Luft; Regen; Unwetter; nach einer Impfung; Berührung; Bewegung; helles Licht

> trockenes Wetter; Schwitzen; Druck

INDIKATIONEN

- Warzen, Wucherungen, Tumoren
- dicke, grüne Absonderung aus der Nase
- schuppige, trockene Haut
- Impffolgen
- schwere Muskel- und Gelenkschmerzen
- Wucherungen am Augenlid
- Equines Sarkoid, Zysten, Melanome
- wildes Fleisch
- brüchige Hufe
- Mauke und Regenfäule
- Morbus Cushing
- Pemphigus
- chronische Hauterkrankungen
- chronischer wässriger Durchfall
- Kolik – Auftreibung
- Sinusitis
- Warzen am Penis
- Eierstockzysten
- Hodenatrophie
- dicke, grüne Absonderung aus dem Uterus

TUBERCULINUM

UNZUFRIEDEN

VERLANGEN NACH VERÄNDERUNG

HYPERAKTIV

Boshaft

WANDERLUST

ZERSTÖRUNGSLUST

Leicht gelangweilt

Grenzüberschreitungen

BRUSTKORB –

DRÜSENSCHWELLUNGEN – HAUT – veränderliche Symptome

GEMÜT

Dieses Pferd kann eine Plage sein! Es neigt zu Hyperaktivität, Unzufriedenheit und Zerstörungslust. Zaunpfähle, Pferdedecken und Futtereimer gehören zu den Lieblingsobjekten seiner Zerstörungswut. Es überschreitet Grenzen und rebelliert mit Vorliebe gegen jegliche Einschränkung. Dies zeigt sich auch in seinem Widerstreben gegen die Verladung in den Pferdetransporter oder gegen die Stallhaltung. Das Tuberculinum-Pferd kann ungeheuer ungeduldig sein. Es braucht „Action" – sofort! – und wird mit den Hufen scharren und vor Verdruss stampfen. Doch jede neue Aktivität hält seine Begeisterung nur kurzzeitig aufrecht, dann wird es wieder überdrüssig, macht nur noch halbherzig mit und wird ein bisschen bockig. Das Verlangen nach Veränderungen ist ein bedeutsamer Faktor seines Verhaltens.

PATHOLOGIE

Die Schwäche befällt hauptsächlich Brustkorb und Atemwege. Auch das Immunsystem kann geschwächt sein. Ein weiterer Einflussbereich ist die Haut.

ALLGEMEINES

Die Symptome sind oft veränderlich, unbeständig und wechselhaft.
< Wetterwechsel; in geschlossenen Räumen; Anstrengung; Stillstehen

INDIKATIONEN

- erkältungsanfällig
- anhaltender trockener Husten
- hartnäckige Atemprobleme
- Atemprobleme auf allergischer Basis
- Bronchitis, Lungenentzündung
- mager trotz guten Appetits
- Kopfschütteln aufgrund von Schmerzen
- chronischer Durchfall
- COPD
- vergrößerte Lymphknoten
- langsame Genesung – Atemwege
- chronische Hauterkrankungen
- starker Juckreiz
- schnell ermüdbar
- gelangweilt
- Zerstörungslust

ZINCUM METALLICUM

ÜBEREMPFINDLICH – gegen **ALLES**

LANGSAME REAKTIONEN

GEQUÄLT – *jammert*

Ruhelos
Hyperaktivität
Beine und Füße ständig in Bewegung

HAARAUSFALL
FOTOPHOBIE
KONVULSIONEN
STÖRUNGEN VON GEHIRN UND NERVENSYSTEM

GEMÜT

Das Zincum-Tier reagiert auf ALLES überempfindlich. Seine Nerven liegen blank, und es erschrickt leicht – vor allem durch Geräusche. Dieses Tier ist körperlich und geistig lethargisch. Obgleich es seine Beine nicht ruhig halten kann und seine Füße beständig in Bewegung sind und zucken, reagiert es geistig extrem langsam und hat ein schwaches Gedächtnis. Zincum scheint von seinem Zustand selbst gequält zu werden, was sich an seiner Erregung, dem aufgeschreckten Ausdruck und ständigem Ächzen zeigt. Trotz allem ist es meistens ein freundliches und liebes Tier.

PATHOLOGIE

Zincum metallicum ist in erster Linie bei Störungen des Nervensystems angezeigt. Es beeinträchtigt ebenfalls Schleimhäute, Herz und Kreislauf.

ALLGEMEINES

< Berührung; Anstrengung; Ruhe; Überhitzung; Geräusche
> Essen; Wärme; im Freien; nach der Brunst

INDIKATIONEN

- geringe Lebenskraft
- Störungen des Nervensystems
- Konvulsionen
- Geräuschempfindlichkeit
- Zuckungen und Zittern
- Restless-Legs-Syndrom
- Reaktionsträgheit
- Gedächtnisschwäche
- Konjunktivitis
- trockene Augen
- hängende Unterlider
- gierig – frisst hastig
- Haarausfall
- Fotophobie
- stinkender Eiter aus den Ohren
- Meningitis
- asthmatische Bronchitis
- Verstopfung
- Kolik mit Kollern
- Hodenschwellung
- übermäßiges Harnen – nachts
- Schwindel – fällt nach links
- Kopfrollen
- Epilepsie

WEITERE TITEL

Tim Couzens

Das Pferde-Homöopathie-Buch

Ein Fachbuch für Therapeuten und Pferdebesitzer

580 Seiten, geb., € 58.-

Das wohl umfangreichste Werk über die homöopathische Therapie von Pferden. Tim Couzens, praktizierender Tierarzt und Homöopath aus Großbritannien, geht in bisher einmaliger Ausführlichkeit auf die ganze Bandbreite von Pferdekrankheiten ein und beschreibt detailliert die wichtigsten Arzneimittel bei den einzelnen Symptomen und klinischen Indikationen. Besonders wertvoll ist die Pferde-Materia-Medica, die in Umfang und Beschreibung auch „kleiner" Mittel bisher einmalig ist.

Das Buch beginnt mit einer kurzen Betrachtung der Geschichte der Homöopathie und ihrer Wirkungsweise, einer Beschreibung der wichtigsten Konstitutionstypen beim Pferd sowie Erläuterungen zur Auswahl des Arzneimittels, zur Wahl der Potenz und zur Dosierung bezogen auf den jeweiligen Fall.

Im zweiten Teil werden die verschiedenen Organsysteme mit ihren häufigsten Problemen und den dazu passenden Mitteln umfassend dargestellt, indem jedes Heilmittel durch einige Schlüsselsymptome kurz beschrieben wird. Der dritte Teil beinhaltet eine äußerst detaillierte Materia Medica zur homöopathischen Behandlung von Pferden. Auch viele seltene Mittel werden angesprochen – eine wahre Fundgrube für jeden Therapeuten jenseits der gängigen Ratgeberliteratur.

Gilberte Favre

Homöopathie für Schafe

Ein praktisches Handbuch zur Behandlung der wichtigsten Krankheiten und Verletzungen

328 Seiten, geb., € 39.-

Gilberte Favre verfügt über langjährige Erfahrung in der homöopathischen Behandlung von Schafen. Im vorliegenden Werk gibt sie ihr reichhaltiges Wissen auf diesem Gebiet weiter.

Von Aggressivität, Ängstlichkeit und Dauerblöken über Kriebelmücken, Husten und Atemnot, Unfruchtbarkeit, wiederholte Aborte und Mastitis bis zu Darmpech der Lämmer, Lahmheit und Beschwerdem nach schimmligem Futter – die Autorin erläutert detailliert die gesamte Bandbreite von typischen Erkrankungen der Schafe und deren homöopathische Therapie. Zusätzlich gibt sie wertvolle naturheilkundliche Hinweise, die sich in der Praxis bei Schafen bewährt haben. Als Hilfestellung zur passenden Mittelwahl beschreibt sie außerdem das Wesen der Schafe, ihre Konstitutionstypen und das Interpretieren ihrer Körpersprache.

Richard Pitcairn

Natürliche Gesundheit für Hund und Katze

Mit Homöopathie und Naturheilkunde

616 Seiten, geb., € 39.-

Dieser Leitfaden liefert eine unglaubliche Fülle an wertvollen Hinweisen zur Gesunderhaltung von Haustieren in ihren unterschiedlichen Lebensphasen. Die englische Ausgabe ist mit über 500.000 verkauften Exemplaren bereits ein Bestseller.

Richard Pitcairn ist der wohl bekannteste homöopathische Tierarzt in den USA. Auf 600 Seiten gibt er wichtige Empfehlungen zur homöopathischen Behandlung und zu naturheilkundlichen Maßnahmen bei den häufigsten Erkrankungen von Hund und Katze.

Rosina Sonnenschmidt

Haustiere und Ziervögel ganzheitlich behandeln

Mit Homöopathie, Bach-Blüten, Farb- und Klangtherapie

228 Seiten, geb., € 39.-

Die Heilpraktikerin Rosina Sonnenschmidt ist eine der großen Pionierinnen der ganzheitlichen Tiertherapie. In ihrem Standardwerk spannt sie den großen Bogen von der Wahl des passenden Haustiers, über Vorsorge und Behandlung der häufigsten Beschwerden bis hin zur angstfreien Sterbebegleitung. Dabei setzt sie erfolgreich einzeln oder in Kombination die Farb- und Klangtherapie sowie die Homöopathie und Bachblüten ein.

Ausführlich erläutert die Tiertherapeutin die Grundlagen der Farbtherapie. Welche Farben wirken anregend und welche beruhigend oder sind schlaffördernd? So kann Grünlichtbestrahlung mit anschließendem orangenem Licht Traumen nach Operationen abbauen und die Wundheilung fördern.

Marion Fünfrocken

Arbeitsbuch Tierhomöopathie

Über 50 Fälle zum Selbstlösen

232 Seiten, geb., € 34.-

Homöopathie ist auch bei Tieren eine bewährte und sanfte Heilmethode. Die erfahrene Tierheilpraktikerin Marion Fünfrocken gibt in ihrem Leitfaden praktische Hilfestellung für angehende Tierhomöopathen und interessierte Laien, wie man am besten zum passenden homöopathischen Mittel kommt.

Anhand von über 50 eindrucksvollen Fallbeispielen zeigt sie das praktische Vorgehen bei der Mittelfindung. Die Fälle werden detailliert beschrieben – häufig auch mit Fotos – und man wird ermuntert, selbst die möglichen Ursachen, die wichtigsten Symptome, die passenden Repertoriumsrubriken und anschließend das richtige Mittel zu finden.

Anke Henne

Blutegeltherapie bei Tieren

Methodik, Indikationen und Fallbeispiele

144 Seiten, geb., € 29.-

Erstmals beschreibt in diesem Werk die erfahrene Tierheilpraktikerin Anke Henne die Anwendung von Blutegeln beim Tier. Sie gibt eine systematische, leicht nachvollziehbare Anleitung und beschreibt eindrückliche Heilungserfolge bei schweren, oft chronischen Erkrankungen.

Im Hauptteil des Buches werden verschiedenste Anwendungsmöglichkeiten beim Tier besprochen. Besonders bewährt hat sich die Therapie bei der sonst oft therapieresistenten Hufrehe des Pferdes. Zum Einsatz kommen Blutegel u.a. bei Hund und Katze, beim Pferd und beim Schwein.

Das Buch ist reich bebildert, die Anwendung wird praxisnah anhand vieler Fallbeispiele erläutert - ein vielversprechendes Grundlagenwerk.

John Saxton

Die Darmnosoden in der homöopathischen Praxis

Mit Fallbeispielen bei Mensch und Tier

228 Seiten, geb., € 34.-

Das umfassendste Werk über die Darmnosoden, mit vielen interessanten Fallbeispielen bei Mensch und Tier - von einem der erfahrensten Homöopathen Englands.

Die als Darmnosoden bekannte Gruppe von Enterobakterien umfasst elf Arzneimittel, die sowohl im Hinblick auf ihre Herkunft als auch auf ihre therapeutischen Möglichkeiten einzigartig sind. Obgleich es einige Indikationen für Akutfälle gibt, erweisen sie sich doch als besonders hilfreich bei der miasmatischen Behandlung chronischer Krankheiten.

Saxton vermag es, das über diese wichtige Mittelgruppe bisher nur bruchstückhaft vorhandene Wissen zu konzentrieren und zu ergänzen und veranschaulicht es anhand hochkarätiger Fallbeispiele bei Mensch und Tier.

John Saxton

Leitfaden Miasmen

Die praktische Anwendung bei Mensch und Tier
Chronische Krankheiten aus homöopathischer Sicht

224 Seiten, geb., € 34.-

Eine moderne Darstellung des Miasmenkonzepts, die sich über Kontroversen hinwegsetzt und den Miasmen den Rang gibt, den sie verdient haben – als Zentrum der Fall- analyse und Mittelwahl. John Saxton ist einer der erfahrensten homöopathischen Ärzte. Für ihn sind Miasmen nicht nur Theorie, sondern ein wesentlicher Bestandteil seiner täglichen Praxis.

In diesem Werk erläutert John Saxton, wie sich das Miasmenkonzept entwickelt hat – von Hahnemann bis zur heutigen Zeit. Er beschreibt leicht verständliche, eindrückliche Bilder der drei Hauptmiasmen Psora, Sykose und Syphilis sowie der fünf miasmatischen Nosoden wie Carcinosinum und Tuberculinum und erklärt den Bezug zu den Darmnosoden.

Rosina Sonnenschmidt

Set der Organ-Schriftenreihe in 12 Bänden plus Register

Das gesamte Set ist jetzt erschienen.

Das Set kostet (statt 13 x € 34 = € 442) nur 12 x € 30,45 plus Register. Gegenüber dem Einzelkauf sparen Sie € 77.-

Band 1: Blut – flüssiges Bewusstsein, ***Band 2:*** Leber und Galle – erworbene Autorität, ***Band 3:*** Verdauungsorgane – der Weg zur Mitte, ***Band 4:*** Atemsystem – Leben und Bewusstsein, ***Band 5:*** Nieren und Blase – Basis der Selbstverwirklichung, ***Band 6:*** Herz und Kreislauf – natürliche Autorität, ***Band 7:*** Endokrine Drüsen – Basiskräfte der Spiritualität, ***Band 8:*** Weibliche und männliche Sexualorgane – Selbstverwirklichung, ***Band 9:*** Gehirn und Nervensysteme – Blüte der Spiritualität, ***Band 10:*** Sinnesorgane – Wunderwerk der Kommunikation, ***Band 11:*** Gliedmaßensystem - Fort-Schritt auf allen Ebenen, ***Band 12:*** Häute und Lymphsystem – Bastionen der Immunkraft, ***Gesamtregister:*** Index der Bände I bis XII. Mit Arzneimittel-, Stichwort- und Krankheitsverzeichnis.

Jörg Wichmann and Corinna Doerges

Lisa und das Geheimnis der weißen Kugeln

Eine Geschichte für Kinder über Homöopathie

56 Seiten, geb., € 9,80

Was genau ist Homöopathie und wie funktioniert sie?

Viele große und kleine Patientinnen und Patienten, denen diese Heilmethode geholfen hat, möchten eine Antwort darauf haben. – Für die Erwachsenen unter ihnen gibt es eine Menge Fachliteratur, um sich zu informieren und sich eine Meinung zu bilden.

Eine kindgerechte Erklärung der homöopathischen Heilweise ist bisher jedoch schwer zu finden. Dies soll mit diesem Buch für Kinder im Grundschulalter in Form einer kleinen Geschichte versucht werden. Ein Büchlein zum Vorlesen und Selbstlesen mit vielen anschaulichen Bildern, das die wichtigsten Fragen verständlich und sachgerecht beantwortet.

Christiane Maute

Homöopathie für Pflanzen

Ein praktischer Leitfaden für Zimmer-, Balkon- und Gartenpflanzen

Mit Ergänzungen von Cornelia Maute

244 Seiten, geb., € 28.-

Ein handlicher Ratgeber über die häufigsten Pflanzenerkrankungen, Schädlinge und Verletzungen und deren bewährte homöopathische Behandlung. Christiane Maute ist eine der Vorreiterinnen, die bereits vor zehn Jahren begann, die Nutz- und Zierpflanzen in ihrem Garten homöopathisch zu behandeln.

Die Reaktion der Pflanzen auf die Homöopathie war für sie in vielen Fällen verblüffend. Ob z. B. bei Blattflecken-Krankheit der Rosen, Braunfäule der Tomaten, Blattläusen, Schneckenbefall, Sternrußtau oder schwachem Wachstum – Frau Maute erläutert zu den häufigsten Erkrankungen die wichtigsten homöopathischen Mittel.

Narayana-Verlag

Blumenplatz 2, D-79400 Kandern
Tel: +49 7626-974970-0, Fax: +49 7626-974970-9

info@narayana-verlag.de

Im Narayana Webshop

www.narayana-verlag.de

finden Sie nahezu alle deutschen und eine umfangreiche Auswahl an englischen Werken zu Homöopathie, Naturheilkunde und gesunder Lebensweise.

Zu jedem Titel gibt es aussagekräftige Leseproben.

Auf der Webseite gibt es kontinuierlich Neuigkeiten zu aktuellen Themen, Studien und Seminaren mit weltweit führenden Homöopathen sowie einen Erfahrungsaustausch bei Krankheiten und Epidemien.

Ein Gesamtverzeichnis ist kostenlos erhältlich.